奇幻海洋的巨型动物

[意]克里斯蒂娜·班菲　[意]克里斯蒂娜·佩拉波尼　[意]丽塔·夏沃 ◎ 编著

徐倩倩 ◎ 译

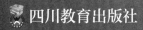
四川教育出版社

图①

目 录

图③

2

16

18

44

76

80

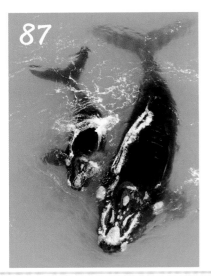

87

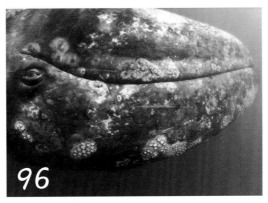

96

103

图②

图③

前　言

智慧的海洋巨物

在漫长的生物进化历史中，哺乳动物成功地占领了整个星球。无论炎热的沙漠还是寒冷的极地，都有它们生存的印记。为了适应环境，它们改变了自己的外形、颜色、生理结构和生活习性，逐渐演变成不同的物种，正如你很难在长颈鹿和老鼠之间找到相似之处。但事实上，它们共同的祖先曾经亲眼见证恐龙的繁盛和衰落。

哺乳动物进化的范围非常广泛，例如蝙蝠就成功进入了属于鸟类王国的空中领域。即使它们已经拥有了"翅膀"，但还会像曾经不能飞行的祖先一样在陆地活动。

鲸和海豚的进化则更令人惊叹。它们已经完美地适应与陆地祖先的生活环境不同的另一个世界——海洋，并与统治了海洋世界数百万年的鱼类共同生活。

与鱼类相似的外形

鲸类动物的外形使人很难将其与任何陆栖的哺乳动物联系在一起。事实上，它们看上去更像鱼类。鲸类的形态，尤其是惊人的庞大体型，让它们成了无数传说和神话中海怪的原型。在过去的几百年里，人们一直认为鲸类属于大型鱼类动物。

鲸类的身体形状完美地符合流体动力学：头部与颈部之间没有明显的起伏，与背部形成一条流畅的曲线，并一直延续到尾端。

另外，像耳朵或者毛发这些会对水中游动造成阻力的部分也已经萎缩、消失。性器官和乳房则向内生长，仅在腹侧的细缝处可见。外鼻孔（俗称喷气孔）位于头顶，这样不用抬起头部就可以呼吸。

前肢演变成了鳍状，鳍的内部有类似于人类手臂和手掌的骨头。这让它们在游动时可控制方向，从而能够在水中进行浮潜，有的种类具有背鳍（大多数种类没有）。

宽阔的尾鳍是用于在水中推进移动的器官，也是唯一能看出其原始起源的特征。与鱼类不同，鲸的尾鳍是水平扩展的。

最后一个解剖学特征是鲸类的脊柱结构，也是它们曾经的四足祖先遗留下来的产物。哺乳动物的椎骨是铰接在一起的，因此鲸类通过脊柱纵向屈伸来驱动身体前行。而鱼类刚好相反，它们左右水平摆动身体来前行。

鲸类的颈部椎骨很短，紧凑地连接在一起，因此头部的活动范围有一定的局限。从颈椎到整个肢体（不包括尾巴）沿着中央脊柱，每一个椎骨都侧向扩张，形状是宽而平的。灵活的骨脊上覆盖着强有力的身体肌肉，支撑它们进行剧烈的上下运动。只有这样的生理结构，才让一头重达30吨的座头鲸能奋力跃出水面，从而诞生了众多影像中令人惊叹的跳跃画面。

当然，不是只有座头鲸喜爱跳跃，许多大型鲸类动物都拥有这项技能，例如其他的须鲸属成员或抹

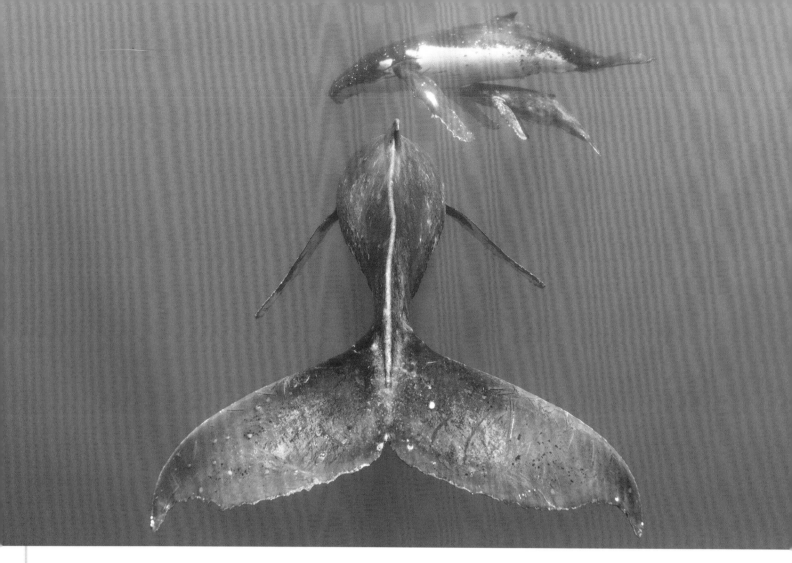

■ 图②，座头鲸游水时会在水面上方摆动尾鳍
■ 图③，座头鲸在水下的优雅身姿
■ 上图，近处是一头雄性座头鲸，远处幼鲸紧紧依偎在雌性座头鲸身下。该图摄于南太平洋汤加海域的瓦瓦乌群岛

香鲸都能跳出水面。而体型较小的海豚则更加灵活，人们时常能看见它表演空中杂技……或许正因为骨子里的陆栖生物的桀骜天性，让它们忍不住想要冲出海洋这个巨大的"牢笼"。

生活在水与空气的"夹缝"中

　　和所有的哺乳动物一样，鲸需要呼吸氧气，每隔一段时间它们必须露出水面换气。尽管它们可以潜到很深的海底，但也只能被迫生活在水与空气之间的交界处。

　　当你看到在海浪间灵活地穿梭跳跃的海豚时，你会发现这种生存的束缚对它们而言只是次要问题。海豚就像人类一样会享受这种自由的感觉，对它们来说跳出水面更像一种生活的乐趣。实际上，比起外部生理上的演变进化，这种对陆生"原

始天性"的彻底转变，更加令人惊叹。这种转变或许没有那么直观，却是进化史上非常有分量的一页。

同时保持清醒和休眠的大脑

　　所有的陆生哺乳动物都会无意识地进行自主呼吸：一些小型哺乳动物的呼吸可能会比较急促；而一些大型哺乳动物（例如长颈鹿或大象）的呼吸节奏则相对更加缓慢，

鲸：跃出水面，观察四周，拍打尾鳍

很多鲸类动物都会表演"空中特技"，还会做出些奇怪的行为。对它们的每一个动作，我们都有特定的名词来命名：这些简短、精准的术语可以帮我们快速理解鲸类的特有动作。

鲸跃

鲸类完全跳出水面的动作称为"鲸跃"。座头鲸和抹香鲸等大型鲸类会经常做这个动作。海豚的跳跃高度一般可达到几米，在跳跃到半空中时往往还伴有自旋、扭转身体和空翻等动作，直至落入水中。在快速游动时，海豚会在水面上方连续不断地跳跃前进。这种动作被称为"纵向跳跃"或"跃水现象"，这可以减少海豚与水体之间的摩擦并使其能更有效地呼吸。

浮窥

鲸类还有一种非常普遍的神奇动作叫作"浮窥"或"窥察"，做该动作时头部保持垂直竖立并缓慢转动，以便自己环顾四周，就像潜艇的潜望镜一样。

拍尾

鲸类经常摆动尾鳍，尾巴不停地拍打水面而产生非常大的声音。大型的鲸类动物会将自己倒立潜浮于水中，然后弯曲尾鳍猛烈地拍击水面。海豚则会在几乎与水面持平的位置摆动尾鳍，而尾巴与水体的快速撞击会产生向前的推力，同时伴有噪声和强烈的湍流。

这些看起来非常神奇、有趣的行为和动作，实际上也是鲸类动物用来社交的一种方式，还有很多行为连科学家也无法解释。不过，这些看起来像表演的行为其实与捕猎有关，例如鲸类在追捕鱼群时就会做出某些动作。此外，当鲸类猛地扎入水中时，还能够有效地清除皮肤上的寄生物。

但也会始终保持呼吸。

如果我们在水中，就会下意识屏住呼吸。因为对于人类来说，在水中是无法呼吸的。而鲸类却恰恰相反，它们可以"决定"自己的呼吸！

大型鲸类和海豚可以自主决定自己的呼吸行为。但如果它们忘记呼吸的话，也会窒息而死。当然这只是打个比方，它们肯定不会真的忘记呼吸。

那么，当它们需要睡觉的时候呢？在休眠过程中，陆生动物会持续不断地自动进行呼吸，而鲸类动物除了时不时浮出水面呼吸，还必须有意识地决定呼吸的时间。

虽然听上去很不可思议，但是为了解决这个问题，鲸类每次只会休眠半个大脑！在休眠期间，大脑的左右半球会交替进入睡眠和清醒状态。所以无论何时，清醒的半个大脑会驱使鲸类进行呼吸行为，而另外的半个大脑则依旧保持睡眠状态。

牙齿的存在

鲸类动物与猪、鹿、骆驼和牛来源于共同的陆生动物祖先。对于这些看似彼此不同的动物，研究学者将它们统一合并为鲸偶蹄目，明确地将鲸类动物和经典的偶蹄目归在一起。因为它们都是每足的蹄甲数为偶数的哺乳动物。在未有最新的分类之前，在本书中，我们还会使用鲸类作为代称，即使该术语目前与精确的分类有所差异。这也体现了科学的基本常识：人类不能以教条主义的方式划分任何事物，因

为随着新数据的不断更新，所有的知识也会保持更新。

鲸分为两类：一类是须鲸，一类是齿鲸。齿鲸即有齿的鲸，例如海豚、虎鲸或抹香鲸。须鲸即有鲸须的鲸，例如蓝鲸和鳁鲸。

齿鲸约有70种，它们的齿龈具有以下特征：牙齿的形态相同，通常在上颚和下颌骨中成排排列。但是，不同齿鲸类牙齿的数目和排列形状相差很大。例如，抹香鲸的牙齿仅存于下颌骨中，还有些齿鲸类最少有一枚独齿。其中，独角鲸就是一个非常特殊的例子。成年雄性独角鲸只有一枚独齿，并从上唇穿出，形成一根如"长矛"般的长牙，呈螺旋状，长度可达3米。

须鲸包括蓝鲸和鳁鲸等，种类一共只有14种。其口中没有牙齿，只在上颌左右两侧长有呈梳齿状排列的角质须。鲸须的数量和大小因物种而异，犹如巨大的毛发。这种"筛子"一样的牙齿能够在进食时将水滤出，只将食物保留下来。

须鲸在进食时会张开大口一次吞下大量的鱼虾和海水，然后它们会借助扩张腹褶来增大口腔容积，再闭上嘴巴通过鲸须将海水过滤出来，口中只剩下食物。

从浅海到深海

鲸类动物能够潜至哺乳动物无法想象的深度，充分证明了鲸类动物对海洋环境的完美适应能力：其潜入的深度可达3000米，承受的压力相当于300个大气压！

当然，并非所有的鲸类都能潜

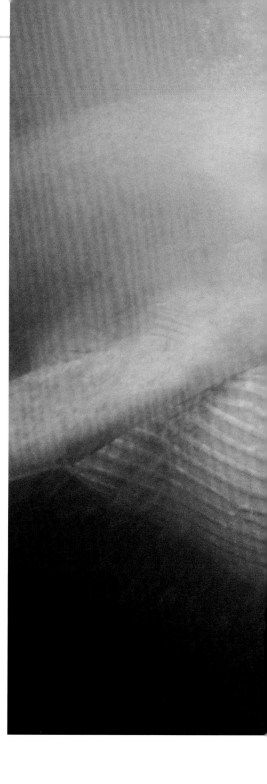

入如此深的深度，但是具备这种能力的鲸类，为了适应如此强大的压力，已经改变了自己的呼吸系统和循环系统。

那么，鲸类动物在暂停呼吸的情况下，在两三千米深的海水中最

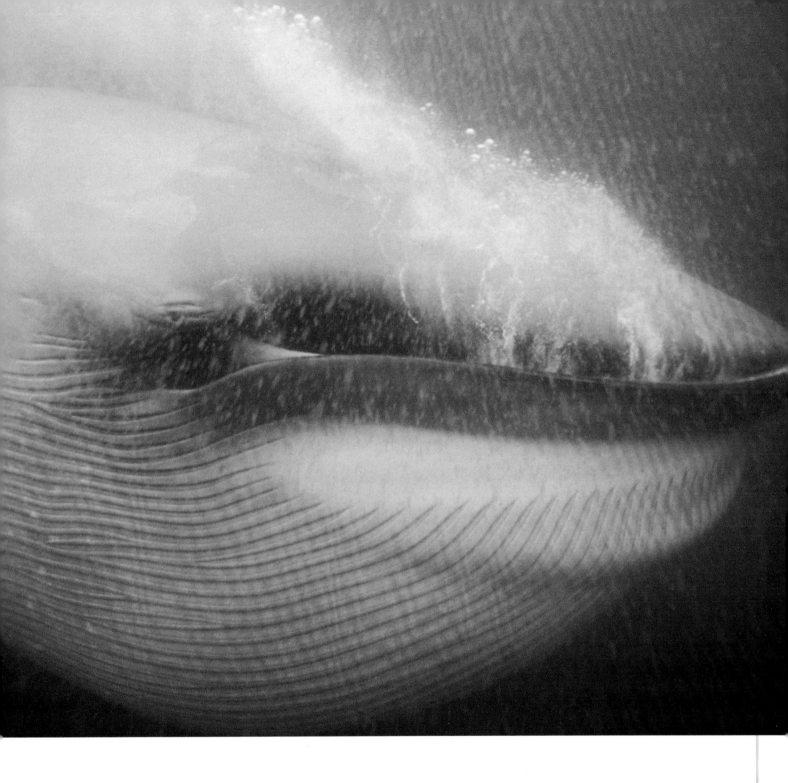

长可停留多久呢？不同种类的鲸，停留的时间也不同。目前所知，剑吻鲸是绝对的潜水冠军，一次暂停呼吸的时间超过两个小时。

事实上，屏息时间的长短并不取决于肺部的大小，而且鲸类的肺部大小与其身体大小相比，实际上相对较小。真正有助于鲸类延长屏息时间的生理和解剖学特征是这两点：一是在肌肉中存储氧气的能力，二是在降低心率的同时降低氧气消耗的能力。在潜水期间，鲸类身体的各个部位中存在着众多交织的毛细血管，形成一个遍布全身的"血管网络"。这个网络会将血液循环限制在鲸类身体最重要的区域，例如心脏和大脑。血管网络的另一个功能是减少鲸类在上升过程中发生

■ 页码 4~5，鲸在进食时，口中能吸入数吨的海水和磷虾
■ 上图，一群宽吻海豚在浅海的珊瑚礁中游泳
■ 页码 8~9，蓝鲸是地球上现存的体型最大的动物
■ 页码 10~11，数量庞大的海豚群

气体栓塞的风险。对于人类潜水员来说，发生气体栓塞的风险非常高，即使在潜水时能够保持适当的深度。

鲸类的外鼻孔在水中会保持紧闭，只有从海里浮出水面后才会打开，并通过独特的呼吸方式强行排空肺部的全部空气。这一点与陆生哺乳动物是相反的，陆生哺乳动物每次只会从肺部排出一部分空气。鲸类和其他哺乳动物之间还有另一个重要区别，那就是它们的呼吸道和消化道是完全分开的。所以，海豚或鲸不能像我们一样通过嘴呼吸，它们只能通过呼吸器官进行呼吸。

生物声呐

齿鲸类动物还进化出了一种回声定位系统。这种系统可以帮助它们通过超声波，或更确切地说通过其回声"看到"物体。

回声定位或生物声呐并不是齿鲸类动物的专利。尽管它鲜为人知，但大多数的蝙蝠甚至某些鸟类也具备这种能力。

海豚和其他的齿鲸类动物能够发出频率非常高的声音。这些声音产生于它们的呼吸腔内部，它们前额头有明显的隆起，"额隆"的构造有助于它们接收用于回声定位的声音。

它们的外耳则无耳郭，两侧只留有一个耳孔。耳孔几乎看不见并且不充当听觉器官。因为海豚和其他齿鲸类动物主要通过下颌的骨头感知声音，然后传递到内耳。

当超声波撞击到物体时会产生

回波，然后大脑会有意识地检测该回波并对其进行分析。因此，即使在快速移动的状态下，海豚也能够完美地探测周围物体的细节，包括其材质、位置及与其之间的距离。

齿鲸和须鲸还能发出人类可听见的频率范围内的声音，也就是非常著名的"鲸之歌"。它们能够通过声音进行相互的交流。大型鲸类动物还能够发出次声，即人类听不到的低频声音。这种次声可以传播至数百甚至数千千米之外的地方，能让距离非常遥远的鲸类之间进行交流。当然，声呐的使用并不意味着视觉功能失去了作用。虽然鲸类的视觉能力相对而言较弱，但依然是非常重要的（不包括一些生活在河流里眼睛特别小的种类）。

它们究竟有多聪明？

关于鲸类，人类讨论最多的话题之一就是它们的智力。如果我们仅从大脑的容量和复杂性角度来看，鲸类似乎是一种高智商动物，能够理解一些复杂的概念，甚至具有一定的自主意识。

针对人工饲养的鲸类进行的相关测试，也显示其具有很高的智力，尤其是齿鲸，例如海豚和虎鲸。对于须鲸来说，鉴于其庞大的体型，研究人员很难对它们进行智力测试，也不容易观测到须鲸与人进行互动时产生的社交反应，因此存在很大的局限性。

除了这些因素，我们还要考虑到鲸类动物的智力是在与我们非常不同的环境中发展的。也就是说，水生动物与陆生动物的生存环境不同，让我们对于智力也会有不同的解释和定义。例如，水生动物很难改变周边的环境，这一点也是影响其物种智力发展的重要因素。

但可以肯定的是，鲸类是非常聪明的动物，至少与"人类的近亲"猴子差不多。在自然界中，我们观察到鲸类具备的社交行为就证明了这一点。例如，它们能进行复杂的语言交流，能够与同类合作进行捕猎。此外，在感到安全的情况下，海豚和大型鲸类还会与人类进行互动，并会对人类产生好奇心和表达友好。

鲸之赞叹

"它在喷水！它在喷水！"这句话出自著名作家赫尔曼·梅尔维尔的小说《白鲸》，是水手在海上看到鲸时大声喊出来的话。

时至今日，无论研究人员还是普通人，每当看到鲸时还是会忍不住地发出惊叹。不仅是科学家，还有鲸的仰慕者，都深深被其魅力所吸引，因此会亲自坐船来观看和拍摄它们。■

▶ 拯救鲸类

20世纪中叶，人们开始意识到这一事实：人类对鲸类的捕杀已经对它们的生存造成了严重威胁。于是，国际捕鲸委员会于1946年成立，旨在规范捕鲸业。

在随后的几年中，各种地方和国际的鲸类保护组织开始兴起。没有任何争议，几乎所有相关的国家都逐渐加入其中。

但是，直至今天我们仍然能够感受到过去对于海豚和鲸肆意捕猎所产生的影响。特别是对须鲸种群而言，例如蓝鲸和长须鲸，它们的种群经历了几乎毁灭性的打击，并且很难恢复。

这些鲸类保护组织和海洋遗产保护组织一直致力于抵制商业目的的捕鲸活动。这也是这些动物恢复种群的唯一希望。

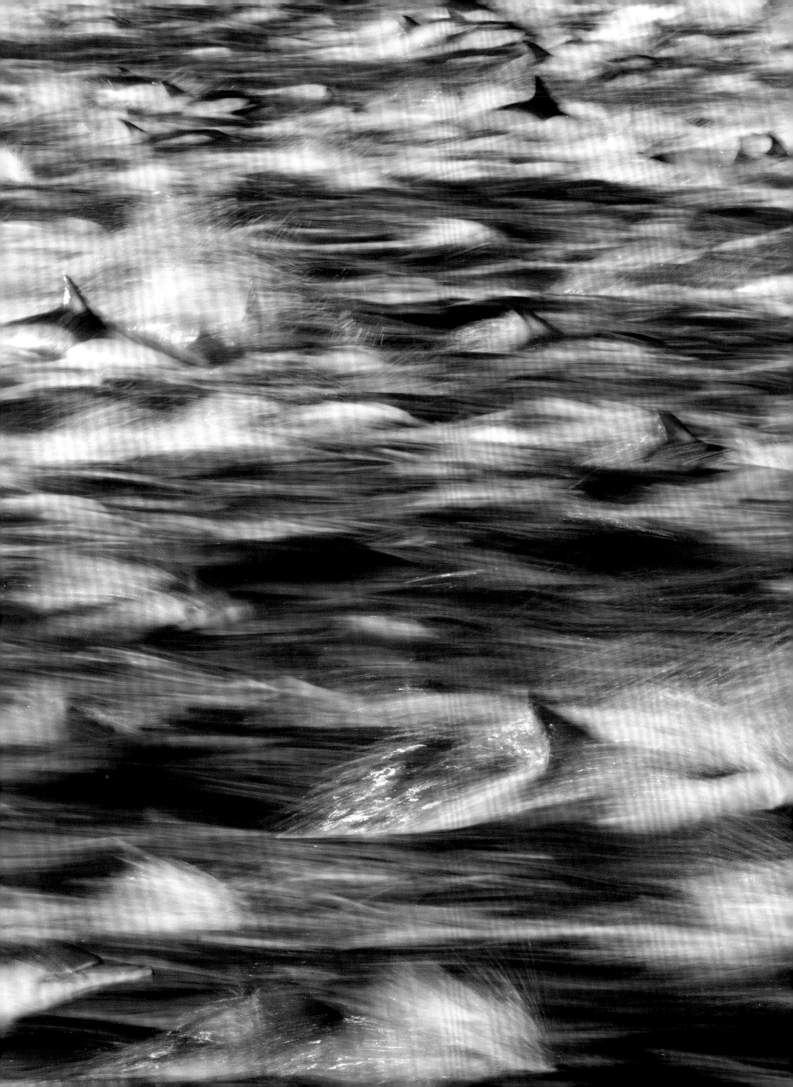

第一章
虎　鲸

虽然一只鼩鼱的体重不到 5 克，但它本质上依旧属于掠食性食肉动物，而且攻击性强。即使它的个性再凶猛，作为世界上最小的哺乳动物，对人们来说它也不足为惧。然而，如果这只哺乳动物是一个体长 9 米，体重相当于五六辆汽车的重量，甚至能一口吞下海狮的掠食者呢？它立即就变成了人们眼中极具危险性的杀手！虎鲸就是这种掠食者，它的个性非常凶残，又完美地融合了智慧、美丽和力量。

在海洋之中能够和虎鲸齐名的应该就只有大白鲨了。无论过去还是今天，这两位强大而神秘的掠食者依旧是许多文学作品和电影的主角，是当之无愧的海洋明星。

不过，这两位海洋掠食者之间的最大差异体现在智力水平上：大白鲨是盲目的凶猛掠食者；而虎鲸则同所有鲸类一样，非常聪明，能够理解问题，并找到解决办法，在捕食时能够分析情况并采取最合适的行动。

智慧与力量兼具的虎鲸，毫无疑问是最厉害的海洋掠食者之一。

■ 左图，黑色身躯上分布有白色椭圆形斑块的美丽虎鲸

美丽而凶残的动物

　　强大、独特且充满魅力的虎鲸是一种非常聪明的鲸目动物，同时也是凶残而不可捉摸的超级海上霸主。

　　虎鲸是鲸目动物中非常有名的一员，名号响亮，广为人知。雄性虎鲸的身长可超过9米，体重将近10吨；雌性虎鲸的体型相对较小，但体长仍可达8米，体重近5吨。

　　虎鲸的外形非常容易辨认：背部为黑色，整个腹部延伸至下唇为白色；头部的上下方清晰地分为两半，上方为黑色，下方为白色；由

于眼睛所在的部位是黑色的，所以很难看到它的眼睛。在每侧眼睛的后上方各有一个白色椭圆形斑块，看上去像两只巨大的白色眼睛。尾部的腹面和背鳍后方有"胡子"形状的灰色色斑。幼年时期斑点的颜色为象牙黄色，而不是成年虎鲸的纯白色。

　　成年的雄性和雌性虎鲸即使在

■ 页码2~3，一头虎鲸劈风斩浪地前往海狮栖息的海滩捕食海狮，令人生惧
■ 上图，在挪威北部的峡湾附近，虎鲸和座头鲸正在捕食一大群鲱鱼。对于爱好和平的须鲸来说，虎鲸也不是完全没有威胁
■ 右图，两只虎鲸合作围捕海豹。它们驱赶海豹并迫使其移动，可想而知，这只海豹即将落入鲸口，虎鲸随时会顶翻冰块

远处也很容易被区分。这是因为它们的背鳍非常不同：雄性的背鳍是垂直的三角形状，高达2米；而雌性的背鳍则较小，且向后弯曲，更类似于海豚的背鳍形状。虎鲸的胸鳍呈圆形且非常大，特别是雄性虎鲸。尾鳍比胸鳍小，形状优美，让人联想到蝴蝶的翅膀。虽然不敢说虎鲸是最美丽的鲸目动物，但它的美丽肯定能排名前列。当然，作为凶猛的海上霸主，它的上颚和下颚的每一侧都武装有一排连续的巨大牙齿，齿长达10厘米，上下牙齿之间相互交错且留有一定空间。所以，

当虎鲸合上它的上下颚时，就犹如一个巨型捕兽器。

冷热皆宜

虎鲸的皮肤具有完美的绝热性，所以它们能够生活在热带和寒带的水域中。事实上，虎鲸分布在地球上包括南极和北极水域在内的所有海洋中，除了北极的最极端海域。

虎鲸是世界上分布最广泛的野生哺乳动物。如果考虑到海洋面积大小的话，那么虎鲸的分布范围比人类还要广泛。虽然不同种类的虎鲸大小和颜色略有不同，但是一般

仍被认为属于同一物种。

虎鲸不像其他大型鲸类会进行周期性的迁徙，但是它们可以在水域中自由移动，甚至进行长距离的移动。它们的移动与追踪猎物或提高捕食率有关。

虎鲸在猎物的选择上，会因为海域位置和情况而有所不同。由于其具备出众的智力，不同区域的虎鲸甚至拥有自己族群的文化累积：年轻的虎鲸会向年长的虎鲸学习，一些捕猎经验和技巧会代代相传，类似于人类社会。

社会族系

　　虎鲸是具有复杂的等级和规则的社会性动物。虎鲸群是典型的母系社会：小群的核心是雌性虎鲸，由成年雌性及其成年、未成年子女和幼鲸组成。几个这样的小群共同组成一个大群，一个大群的成员可多达50头或更多。而且其中至少有一个成年雄性，可通过其高耸出海面的背鳍辨别出来。这些成员彼此之间一般拥有较近的血缘关系。而这样的大群会形成稳定的群体，被称为种群。种群可以达到非常庞大的规模。其成员具有共同的行为模式和复杂的交流语言，并且具有一定的社会凝聚力。包含一定数量的种群的集合称为群落。群落具有较大的地域范围，不同的种群之间会保持一定的距离。即使它们在各自领地的交界处相遇，也不会进行过多的交流。除了比较稳定的群落，还有一些"流动"的虎鲸群体，会跟随猎物的分布从一个地区迁移到另一个地区。这样的流动群体的成员构成不会很稳定，它们会非常频繁地在不同种群之间移动。在食物非常丰富的区域里，它们还会临时性地大量聚集在一起。这种类型的群体没有明确的等级制度，而且流动性很强，通常由不同的雌性虎鲸（彼此之间没有血缘关系）及其子女、雄性虎鲸组成。

种群繁殖

　　虎鲸种群繁殖的重要信息，主要来自研究人员对定居在北太平洋的加拿大不列颠哥伦比亚省沿海群落的观察。

　　这个群落的稳定性使得研究人员可以进行持续多年的深入研究。这给我们提供了许多关于虎鲸的社会性、掠夺性和繁殖习惯的数据信

▶ 哺 乳

在陆地上的哺乳动物，新生幼崽先从头部开始脱离出母体，这样可以立刻呼吸到空气。鲸目动物是完全的水生动物，交配、分娩和母乳喂养等行为都是在水下进行的，所以鲸类动物的出生部位顺序与其他哺乳动物相反，幼鲸最先出来的部位是尾巴。一旦完全脱离母体，幼鲸就需要马上浮出水面呼吸。这时母鲸会帮助幼鲸将其送出水面，让它能够呼吸到第一口空气。

除了要在水下进行母乳喂养之外，还存在另外一个问题，那就是鲸类的乳房位于生殖道两侧的乳沟内，所以，母鲸会通过乳沟来哺育幼崽。它们的乳汁呈乳脂状，非常稠密，富含脂肪，不易被稀释，这样就不会在水中散开。

另外，只有当幼崽将嘴部压在其中一个乳沟上时，母鲸才会分泌出乳汁。而且乳汁会呈股地直接射入幼崽嘴中，这样就避免了被海水污染。幼崽舌头的特殊构造也有利于吸食母乳，舌头表面可以向内凹陷，侧面边缘则呈锯齿状：当舌头压在上颚或卷起时，就会形成管子一样的形状，变为一根完美的乳汁吸管。

■ 上图，成年雄性虎鲸的三角形背鳍高而直，与幼年和雌性虎鲸的背鳍有非常鲜明的对比
■ 页码8~9，在南非福克斯湾，一头虎鲸正在不断跃进，追捕海豚

息。这些数据尚不确定是否也适用于其他地区的虎鲸群落。相比较而言，其他地区缺乏有利的研究条件，因此相关数据信息也较为匮乏。大部分有关虎鲸种族繁殖的信息和数据来自于人工饲养的观察和研究。

母鲸的妊娠期为15~18个月，生育高峰期在冬季。哺乳期需要1年左右，不过在断奶前，母鲸也会给幼崽喂食固体食物。

雌性虎鲸的平均寿命为50岁，比雄性的寿命更长，最高年龄甚至可以超过80岁。雄性的平均寿命约为30岁，最长为50~60岁。

杀手鲸

在英文中，虎鲸被称为"杀手鲸"，这个名字有些骇人。不过从某种意义上来说，虎鲸确实性情凶猛，是众多动物的天敌，甚至还会捕食其他鲸类。

虎鲸的食谱至少包含140种动物，其中约有50种海洋哺乳动物，尤其是鲸类。不论齿鲸、须鲸还是海豹、海狮，无一例外都是虎鲸的

猎物。

在不同的地区，虎鲸会专门捕食特定种类的猎物。例如，生活在北美太平洋沿岸的虎鲸种群主要捕食鲨鱼，尤其是太平洋睡鲨。另外，由于大部分猎物的皮肤非常粗糙，因此虎鲸在撕咬猎物时很容易造成牙齿的损耗。

北方水域和南方水域的虎鲸，都会捕食一些小型须鲸。一般情况下，虎鲸很少捕食大型的须鲸。但这种情况偶尔也会发生。

南极虎鲸的主要猎物是企鹅，也包括一些海鸟（例如海鸥或信天翁）。这些海鸟往往是浮在水面上休息时被拖入水中的，它们完全没有意识到水下潜在的危险。

鱼类和鱿鱼当然也是虎鲸的食物，尤其对那些生活在近海或正在迁移的虎鲸而言。

狩猎技巧

针对不同种类的猎物，虎鲸会采用不同的狩猎技术。虎鲸巧妙地运用这些原始狩猎手法，充分表现出它们的聪明才智。而且，许多狩猎技巧只有某个族群才会知晓，别的族群却并不了解，这清楚地表明了虎鲸的某些特定行为会在群体内部进行传播。

当捕食鱼类时，它们最普遍使用的技术就是驱赶鱼群。例如，虎

▶ 种群现状

总体而言，虎鲸并不属于濒临灭绝的物种。但由于各种原因，个别种群的数量正在逐渐下降。例如，近年由于主要食物金枪鱼被过度捕捞，栖息在直布罗陀水域的约 50 头虎鲸的小种群就受到了影响。在一些海域中，虎鲸会被渔民捕杀，因为渔民将其视为捕捞鱼群的对手。除了被捕杀以外，出于食物减少或其他商业贸易等原因，虎鲸也像所有鲸类一样，遭受着人类活动带来的海洋污染和栖息地变化等危害和困扰。

▇ 上图，美国加利福尼亚州蒙特雷附近，一头虎鲸正在攻击一头灰鲸

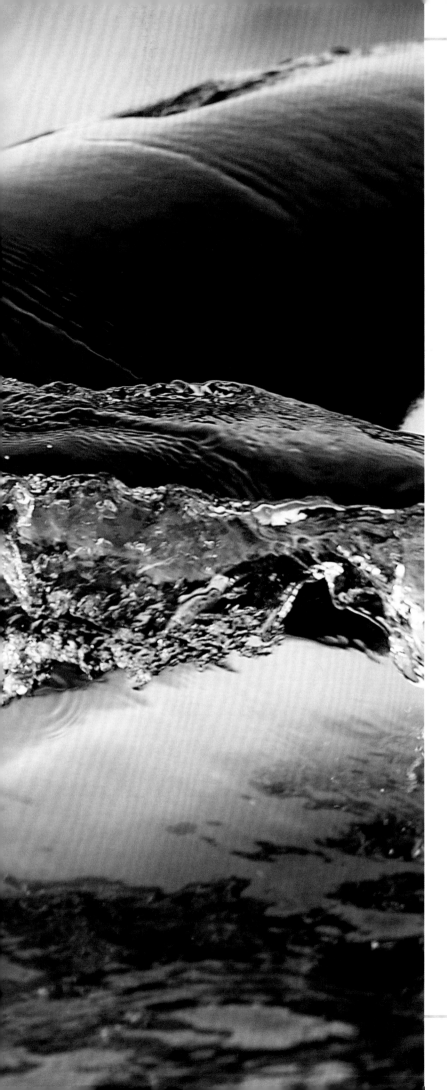

"减阻"皮肤

齿鲸的皮肤极具光泽，它的外观让人联想到一个巨大的橡胶娃娃。事实上，的确和橡胶很像。海豚的皮肤触感甚至也和橡胶十分类似。通过利用这种特殊的皮肤，这些游泳健将可以毫不费力地进行高速和远距离的海中运动。

我们都很了解，在水中运动时身体会遇到很大的阻力，即使我们只在游泳期间来回移动手臂。这种阻力会随着速度的增加而呈指数级加大，移动得越快，受到的阻力会越大。因此，设计船只的工程师会为了减少船体与水之间的摩擦，进行以下必不可少的设计：在使用同样发动机的情况下，光滑且流畅的船体运行得更快。

海豚的表皮皮肤质地十分柔软，而且在皮肤的外层长有无数个中空的突起构造。这种构造有利于模拟水波的形状，因此海豚在游泳时，它的皮肤表面能随着水流的波动进行变化，从而减少水的绝大部分的摩擦阻力。所以，海豚那种具有特殊组织的皮肤，是其游泳速度快的主要原因。海豚的表皮突起会对这种不均等的压力起到缓冲作用，能够根据紊流在皮肤上的压力变化，顺应紊流做出波浪起伏状。这样就把紊流变成层流，有效地减少了水的摩擦阻力。

海豚的皮肤一直是近一个世纪以来的研究主题。科学家通过研究海豚的身体结构与流体动力学之间的关系，为很多技术问题提供解决方案。

■ 左图，虎鲸是移动速度最快的鲸类动物，能够轻而易举地追捕到鲱鱼

■ 页码 12~13，在距离挪威海岸不远的海域，一群虎鲸正在快速移动
■ 上图，在挪威海域，一头雄性虎鲸正进入鲱鱼群捕食

鲸捕食正在海岸周围繁殖的鲱鱼群时，就会用到这个技术。虎鲸彼此之间会保持一定距离，分散并各自驱赶身边的鱼群。它们让所有的鱼都沿着相同的方向聚集，最终将分散的鱼群聚集在一起。

据观察，栖息在直布罗陀海峡的虎鲸种群甚至能够追捕移动速度非常快的金枪鱼，这种技术需要依靠长时间的追捕而形成。虎鲸利用长时间的追赶来耗尽猎物的体力，这一点与陆地掠食者（如鬣狗和美洲狮）的追捕技巧类似。例如，鬣狗需要追捕速度非常快的羚羊时，就会采取这一战术。

除此之外，虎鲸还会利用尾巴将鱼群赶出水面。通过借助尾巴产生的上升力，它们制造出一个漩涡，将猎物置于其移动时形成的水流之上。一旦猎物露出水面，虎鲸便转动身体同时将尾巴伸出水面，用尾鳍将猎物击昏。

虎鲸在捕食海豹或海狮时，还会无声无息地接近猎物，避免被猎物察觉。这是一种伏击战术，虎鲸在发起最终的攻击前会尽量隐藏自己的行迹。

在本页所示的组图中，上演了一场现实的"猫鼠游戏"：虎鲸会游到靠近沙滩的浅水区，通过剧烈扭动身体制造出海浪将海豹卷入水中，最后尽情享用一顿海豹大餐。该组图摄于阿根廷瓦尔德斯半岛的蓬塔市北部

页码16~17，虎鲸的美丽背鳍与挪威特罗姆斯瓦洛伊岛上的日落晚霞相互映衬

在经常发生的岸边海豹和水中虎鲸对峙的情况中，虎鲸不断地在海豹周围游来游去等待时机。海豹以为躲到岸上就安全了，认为虎鲸无法上岸捕捉。为了捕捉上了岸的海豹，虎鲸有时会假装搁浅，让海豹上当受骗并主动靠近。如果岸上的海豹不上当，虎鲸会沿着沟渠冲上海滩，甚至拍打海浪。当海浪将海豹卷入水中，虎鲸再发动攻击。

在南极海域，虎鲸会跳出水面观察浮冰上是否有威德尔海豹。然后，它们会成群地在浮冰附近游动，产生的波浪使浮冰倾斜，致使海豹掉入水中，然后虎鲸将其一口吞噬。

除了必要的捕杀海豹或海狮的行为，往往还会出现不必要的残酷场面——虎鲸会"戏弄"受害者，在吞食前将其数次抛向空中。这一行为与猫科动物有共同点，此残酷的行为无疑增加了人们对"杀手鲸"的恐惧。

第二章

齿　鲸

齿鲸是鲸类亚目之一，分为7个科。齿鲸具有牙齿，种类数量众多，不同种类之间的大小差异很大，例如小巧的海豚和硕大的抹香鲸。海豚科也拥有多个物种，海豚是最常见的海豚科物种；其中最著名的是宽吻海豚，它通常被人们看作最典型的海豚。

海豚科还包括一些大型的鲸类动物，虽然它们本质上是大型海豚，也会用鲸作为后缀（例如虎鲸和领航鲸）。它们与蓝鲸、鳁鲸等不同，但都属于鲸目动物。通常除虎鲸外，其他大型海豚很难人工饲养，除非是落单或受伤的年纪相对较小的大型海豚，但在经过特殊照顾后，它们会被重新放归自然。人工饲养困难主要有两个原因：首先，鲸目动物拥有很高的智慧，能够清楚意识到被禁锢的状态；其次，它们的体型需要拥有相当大的活动空间，一般的封闭环境对它们来说很狭窄，无法与广阔自由的自然海域相比。

■ 左图，在加勒比海洪都拉斯海岸附近，两头美丽的宽吻海豚在水中嬉戏

海豚科家族

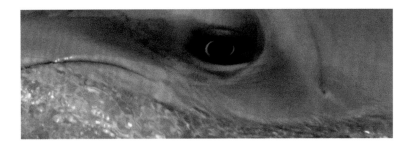

海豚科除了有我们通常称为海豚的种类，还有其他体型更大的物种，例如虎鲸，也有外形奇特的长肢领航鲸或露脊海豚。

宽吻海豚是一种聪明、好奇心强的动物。即使是自然环境下的野生宽吻海豚，也很愿意与人类一起进行互动和社交。

它们属于中型海豚，体长最长可达3.5米，重约300千克。身体表面为灰色，腹色比背色更浅，接近白色。头部有一些不明显的色带，这些色带在前额组成一个模糊的三角形，从眼睛到胸鳍的前缘分布有深色带。从身体的整个轮廓来看，上部分的颜色深，下部分的颜色浅。

一般而言，不同种类的海豚之间大小和颜色差异较大。宽吻海豚最典型的特征是有光滑的皮肤，颜色为灰色，吻较长，脸上带有其标志性的"微笑"表情；眼睛小而灵动，看上去很聪明。

宽吻海豚的额部较大，头部吻突的长度较短，但上下颌较长，因此还被人们称作"瓶鼻海豚"。

在宽吻海豚嘴部上下颚之间，每侧各有一排数量为20~26枚的圆锥形牙齿，齿长且尖利；合上嘴时，上齿能够精准地与下齿错合。

喜爱温暖的水域

在沿海和开放的海域，我们都能发现宽吻海豚的身影。它们的分布范围很广，包括从南北半球温带海域到靠近珊瑚礁地区的赤道热带海域，也有地中海和黑海这样的内陆海域。

不同亚种的宽吻海豚的外形差异会非常大，甚至令人怀疑它们是否属于同一个物种，目前所划分的属系仍有待进一步研究。目前，宽吻海豚属包括常见的宽吻海豚，以及印度太平洋的东方宽吻海豚。

我们可以根据分布范围将其划分为两大类习性完全不同的海豚：近海宽吻海豚和大洋宽吻海豚。近海宽吻海豚分布在各大洲的近海海域，活动范围可向公海延伸数千米，而大洋宽吻海豚则基本上只在公海里生活。不同的生活区域对其外形也产生了影响：生活在公海中的大洋宽吻海豚体型较大，体长可达4米，体色更深，呈铅灰色；而近海宽吻海豚平均长度为3米，颜色较浅，为浅灰色。

页码20~21，暗色斑纹海豚体长约1米，是最敏捷、好动的海豚种类之一。该图摄于阿根廷瓦尔德斯半岛的马德林港

左图，三头宽吻海豚同时跃出水面，似乎正在进行空中表演。该图摄于洪都拉斯的加勒比海

上图，埃及红海附近的印度太平洋的东方宽吻海豚

页码24~25，一大群宽吻海豚正在南非开普省的圣约翰斯港中驰骋

近海宽吻海豚易受季节性迁徙的影响，迁徙时需要经过长途跋涉，移动长达数百千米的距离，不过之后会返回自己居住的海域，并停留相当长的一段时间。例如，生活在佛罗里达州西海岸的宽吻海豚种群在同一片海域稳定栖息了45年，使得研究人员能够对繁衍5代以上的海豚进行深入研究。

近海宽吻海豚生活的海水水温一般不能低于10℃，因此季节的变化会带来其周期性的迁移活动。季节的变化也会影响到食物的丰富程度：在寒冷月份中，北半球和南半球的近海宽吻海豚会移动到较低纬度的温暖水域。

受研究环境的限制，对大洋宽吻海豚的观察存在客观上的困难，因此它们的信息较为缺乏。不过，与近海宽吻海豚一样，它们也会因为同样的原因进行季节性迁徙和移动。

宽吻海豚的社会化

宽吻海豚也许是最广为人知的鲸目动物。早在2400年前，亚里士多德就曾提出，鲸目动物有可能属于哺乳动物。这与当时人们认为鲸目动物属于鱼类的观点截然不同。

宽吻海豚天性友善，大量分布于广阔的海域之中，因此对于在自然环境中生活的宽吻海豚的研究非常容易，相较于其他鲸目动物，人们也拥有更多的信息。宽吻海豚是

高度社会化的动物，很难在自然环境中发现独居的个体。它们非常喜欢群居，一个群体的个体数量甚至可高达数百头。通常一个小群体的个体数量为2~15头，并且它们的群体是开放性的，可以接受和容纳其他群体的个体，因此在数量规模上没有限制。

群体的组合构成与个体之间的性别、年龄、繁殖期或亲属关系有关。在一个大型群体中，可能会有一小组海豚保持着常年稳定的搭配。宽吻海豚的配偶之间会形成非常亲密的关系，但它们并不是完全的一雄一雌制动物，雌性宽吻海豚在一

生中可以与不同的雄性进行交配并产下幼崽。通过在人工饲养的环境下观察，宽吻海豚实行以雄性为主导的等级制度。雄性主要负责领导整个族群，不过这种等级制度会受到自然环境中不同条件的影响，尤其是在人工饲养的情况下。

种群的繁衍

宽吻海豚的妊娠期持续约 12 个半月，产崽期一般在春季和秋季之间。与其他种类的海豚一样，新生的宽吻海豚体长可达 100~130 厘米，是母亲长度的三分之一。与所有的鲸目动物一样，新生海豚都是尾部

先出来，一旦脱离母体，雌性宽吻海豚会立即将它们推到水面进行第一次呼吸。鲸目动物非常重视与母亲之间的身体接触，宽吻海豚也不例外。幼年海豚会紧贴母亲身边跟着游动，并且会用尾部、腹部或至少一条鳍与母亲的身体进行接触。

宽吻海豚哺乳期可以持续很长时间，一般为两年甚至更长。不过在幼崽几个月的时候，母亲就会在母乳喂养的同时让其进食固体食物。

幼崽会和母亲一起生活很长的时间，长达3~6年，在此期间雌性宽吻海豚也可进行新的妊娠。但是，一旦新的幼崽出生，已经独立的哥哥或姐姐就得离开母亲。

雌性宽吻海豚的寿命可以达到60岁以上，而雄性的平均寿命要比雌性短10~20年。

极其聪明的捕食者

宽吻海豚在白天和晚上都可以

▶ 快速生长的牙齿

一般在几个月大的时候，宽吻海豚幼崽就会长出牙齿。研究发现，鲸目动物同大多数哺乳动物一样，刚出生的幼崽是没有乳牙的。

幼年宽吻海豚的牙齿数量很多且呈锯齿状，但是随着年龄的增长，牙齿数量会减少并且变钝，变成截锥的形状。

活动，主要以鱼类为食，个体的生活习性也与种群的领土面积和习性有关。它们拥有多种多样的狩猎和捕食技巧，这些聪明的动物非常擅长利用原始的技巧进行捕猎。

它们在水中游动的速度超过每小时 30 千米，惊人的游泳速度使得宽吻海豚能够追赶并捕捉游动速度很快的鱼类，追捕时的画面简直就像贴着水面在"飞行"。宽吻海豚会先靠近猎物，然后用尾鳍击打猎物。它们甚至把捉到的猎物抛出水面，然后自己也跳出水面，在空中再把猎物咬住。

不过，最壮观的捕猎场面发生在群体配合时，这是真正的围捕狩猎。例如，在浅水区捕猎时，宽吻海豚不断拍打鳍和尾巴产生巨大的湍流，将鱼群困在湍流之中并推赶向岸边。这种行为会一直持续到海滩附近，直至将鱼群捕获。

一些生活在近海的海豚还会使用一种更高级的捕猎技巧。它们会围在一起用尾部搅动水底淤泥，围困住猎物。一部分成员在搅动尾部的时候，其他成员就会轮番冲入鱼群进行捕食。

许多捕猎的战术是种群里的海豚世世代代传承的结果。成年海豚会将自己的捕猎技巧传授给年轻的海豚，同时年轻的海豚也会学习和模仿其他海豚的捕猎技巧。

宽吻海豚更喜欢生活在近海海域，它们并不是很擅长进行长时间的潜水，但是一次也能在几百米深的水下屏息 10 多分钟。

■ 左图，在加勒比海中，宽吻海豚正在水很浅的近海沙滩里游动，水中的沙砾和水草清晰可见
■ 上图，在南非开普省，一群宽吻海豚正在捕食一大群沙丁鱼
■ 页码 28，另一群宽吻海豚在墨西哥的深水域中游动。该图摄于太平洋的雷维亚希赫多群岛海域

▶ 污染带来的威胁

污染元素溶解在海水里之后，会进入海洋动物的身体中。如其他所有的鲸目动物一样，宽吻海豚在食用受到污染的食物后，这些污染物质会在它们体内不断地积聚，最严重的情况下会导致各种器官的功能障碍甚至死亡。另外，由于它们也需要呼吸空气，鲸目动物对空气污染也很敏感。

对于近海的宽吻海豚来说，人类的各种活动如捕鱼、海上运输以及海岸环境的变化，会让它们的猎物不断减少，对宽吻海豚的生存产生负面影响。据统计，宽吻海豚的全球种群数量约为 60 万头，目前还没有处于非常严重的危险之中。但是，由于印度太平洋的东方宽吻海豚缺乏观察数据的统计，我们暂时对这个种群还没有很详细的信息。

小百科

合作还是竞争？

宽吻海豚经常会在人类捕鱼的时候趁机分一杯羹，所以渔民并不是很喜欢它们的到来。因为它们会去吃困在渔网中的鱼，这样的行为会对捕鱼设备造成破坏。不过在某些情况下，它们的到来还是会对渔民捕鱼产生帮助。因为近海的宽吻海豚会围捕鱼群，将它们驱赶到渔网中，一方面有利于困住鱼群，另一方面也为渔民的工作做出了帮助。这种现象在巴西和毛里塔尼亚的海域中很常见，因为生活在这里的海豚会和人类经常接触，并且进行互动。所以，宽吻海豚会经常跟随渔船，这样它们就能够不费力气地吃到渔民扔入海中的鱼类加工废料。

■ 上图，在巴西圣卡特琳娜州拉古纳附近，一群宽吻海豚将鱼群引到渔网附近
■ 页码30~31，一只海豚正在直布罗陀海峡的西班牙水域中游泳

语言

宽吻海豚的回声定位能力非常强，它们发出的用于定位的咔嗒声远远超出了人耳可听到的频率。研究人员通过复杂的测试已经证明，在游泳过程中不断发出的咔嗒声使宽吻海豚拥有完美的"听力视觉"。即使双眼被蒙住，它们也能在保持游动的同时进行定向，还能精确识别微小物体的位置，可以区分物体表面的形状甚至外观以及材质，轻松地捕获移动中的猎物。

但宽吻海豚最引人注目的能力是它们的沟通语言。它们的语言非常复杂，包含各种不同的声音，类似于口哨声、哼哼声、低吟声、咝咝声，以及许多人类在脑海中很难想象的声音，有些听起来甚至像噪声一般。其中最典型的海豚叫声就类似于尖锐的子弹呼啸而过的"枪声"（这种声音很容易想象）。

海豚发出的各种声音都具有一定的含义。还有一个神奇的事实，那就是不同的海豚会发出自己特有的声音，就像人类的"名片"一样。海豚会为自己创造不同于其他海豚的只属于自己的声音标签，用于互相区分和识别。这对于海豚幼崽来说也非常重要，因为它需要学会识别母亲的声音，将其与其他海豚的声音区分开，这样在遇到危险的情况下能够与母亲保持联系。

凶残的天敌

宽吻海豚最主要的天敌是鲨鱼，尤其是白鲨、虎鲨和牛鲨等大型鲨鱼。不过，一般海豚和鲨鱼相遇时并不会发生严重的流血冲突。

在许多成年宽吻海豚身上能够看到与鲨鱼发生冲突后留下的瘢痕。这也证明了，虽然冲突发生的频率很高，但宽吻海豚幸存下来的概率也很大。

经观察后发现，一些宽吻海豚的个体会通过喙、鳍或尾巴猛烈地击打鲨鱼来应对鲨鱼的攻击。

年幼的个体身上很少能看到冲突留下的瘢痕：一种解释是成年个体会保卫幼年个体；而另一种解释则恰恰相反，这说明鲨鱼对幼年个体的攻击是致命的。一旦发生冲突，幼年个体很难存活下来。虎鲸有时也会攻击宽吻海豚，不过这并不常见。

短吻真海豚和条纹原海豚

短吻真海豚和条纹原海豚的身形都较为细长，在体型、解剖结构和习性上也极为相似。但它们也很容易区分，因为突出的区别表现在颜色上，所以非常直观明显。

它们的性格都很活泼，喜欢在游泳时跃出水面，做各种空中动作。当这两种海豚跳出水面时，你就能发现它们的颜色差异是非常明显的。短吻真海豚的身上有大面积的椭圆形色块，侧面轮廓清晰。肩部有一条长长的色带，为黑灰色或黑色。胸部色块为淡黄色或灰黄色，胁斑为浅灰色或中灰色，腹部呈白色。肩部色带从背鳍下方处一直延伸至尾柄的浅灰色色带，整体色斑呈十字交叉状，是真海豚类特有的外形特征。

条纹原海豚的颜色和短吻真海豚非常不同：背部是深灰色，眼睛到肛门和眼睛到鳍肢处各分布有一条暗蓝色至蓝黑色的色带。而且，背鳍向后微微弯曲。背侧的色带呈蓝色或蓝灰色。白色至浅灰色的脊部色斑从胁部插入背侧的深色带，并一直延展到背鳍的下方。身体侧面呈浅灰色，腹面呈白色至粉红色，鳍肢和背鳍为深灰色到黑色。当它们在水面上游泳时，由于天空和大海会在其颜色较浅的身侧产生光线反射，因此看上去它们的颜色会更蓝。

条纹原海豚和短吻真海豚有一个共同的外形特点，即从头部到前鳍的前端都拥有一条黑色宽带。

早在4000多年前，克诺索斯宫就有一位艺术家创作了一幅非常著名的壁画，上面描述了海洋里的哺乳动物类型。令人难以置信的是，其中海豚身体上色带的颜色特征，既像短吻真海豚又像条纹原海豚。从某种意义上讲，那似乎是将这两种物种的颜色混合在了一起。在自然界中，这种情况也会发生，因为不同种类的海豚有时会混合在一起组成一个庞大的群体。当它们成群结队地游动时，你就能看到同一群海豚中有不同的颜色。

灵活而好动

条纹原海豚和短吻真海豚的体形都偏细长，突出的头吻部分长而

窄，背腹很扁，有很深的颚沟组织。它们的最大长度可达2.5米，体重约为100千克；游泳时速度敏捷，时速超过60千米。我们经常能在海上航行的船头两边看到它们随着船只一起前进。■

种族分类

真海豚属目前包括两个种类：短吻真海豚以及长吻真海豚。它们的外形非常相似，并且广泛分布在热带和温带海洋的近海地区。原海豚属共有5种，大小和外观都很相似，但颜色不同，色块分布也不同。它们分布于热带和温带的所有海域中，通常比真海豚属更喜迁徙。

总体而言，鲸目动物的种群现状令人担忧，但海豚的数量还是非常多，并未受到威胁。

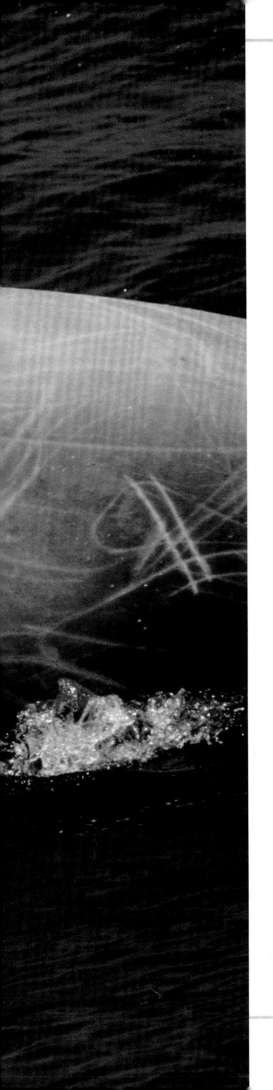

牙齿有什么作用?

虽然属于齿鲸类,但有些种类的齿鲸只有数量很少的牙齿,甚至根本没有牙齿。

喙鲸是一种非常特殊的鲸类。雌性没有牙齿,而成年雄性只有两颗牙齿长于下颚,对捕食猎物并没有什么用处。这似乎是喙鲸为了适应深海环境而形成的生理结构。另外,它的饮食结构也主要以头足类软体动物为主。

海豚的那种完整的牙齿,在捕食鱼群的时候是非常有用的,就像捕食器一样。但这样的牙齿结构并不适用于捕食鱿鱼之类的软体动物。锋利的牙齿容易破坏软体动物的身体组织,让软体动物可以挣脱开。

如果没有了牙齿的存在,能够捕获的鱿鱼的身体组织面积也会大得多。这样喙鲸就可以一次性将其吞下或吸入,所以牙齿对于喙鲸来说并没有实质的作用。另外,由于大多数头足类软体动物会成群移动，所以这样囫囵吞食的方式非常适合迅速且连续地捕食。

剑吻鲸

剑吻鲸的牙齿已经高度退化，一般雄性只有一对牙齿突出于下颌的前端，具有进食的功能。而雌鲸与未成年雄鲸的牙齿则埋于嘴中，不露在外面。成年雄鲸的身上常有细长的伤痕，在全身呈十字形交叉分布，由此判断它们的牙齿可能是用来打斗的武器。

剑吻鲸属于大型鲸类，体长达7米，体重约为3吨。吻短小，上颌由吻端至头后部缓慢隆起；背鳍较小，后缘凹入。根据最新的观察，剑吻鲸的潜水深度在鲸类中居于首位。剑吻鲸可以潜入近3000米深的深海，一次潜水时间可长达两个多小时。不过通常情况下，它会在约400~1000米深的中层海洋中活动，四处寻找猎物。在反复深潜后，它也会浮到水面，让自己漂浮一段时间。剑吻鲸的社交性不是很强，甚至在洄游时也不结为大群体，偶尔能观察到独自活动的个体。

从温暖的赤道到寒冷的亚极地海域的所有海洋中，剑吻鲸都有广泛分布，不属于易危物种。

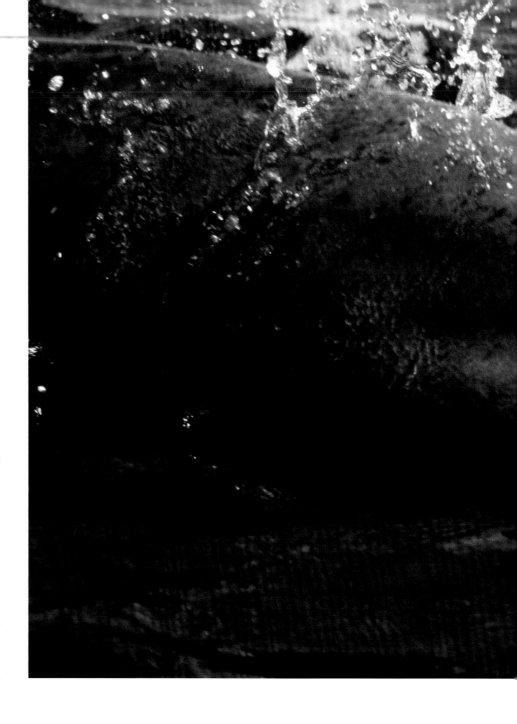

中喙鲸属

中喙鲸属是喙鲸类动物，与剑吻鲸类似，它们的牙齿也非常独特：雄鲸的下颚长有两颗向后上方弯曲，而且超过上颚顶部的特殊牙齿。

在该鲸属中，年长的鲸的牙齿更长，而且可能会在嘴喙上方相互交叉，就像"口罩"般，导致嘴巴无法很好地张开；但年长的鲸仍可像吸尘器那样用嘴喙吸进食物。雌鲸的牙齿则不突出，雄性幼鲸的牙齿较成年鲸要小。雄鲸的身上一般会有不少瘢痕。

长齿中喙鲸的牙齿宽而扁平，在喙上伸展和弯曲，嘴巴开口角度非常狭窄。当然，这种特别的口腔结构并不会影响其进食，因为它们会用嘴吸食鱿鱼。所以，虽然"枪口"一样的嘴部结构看似非常不方便，但实际上并不会阻碍进食。

秘鲁中喙鲸是中喙鲸属里体型

■ 页码34~35，我们可以看到一头游动中的雄性剑吻鲸，它的下颌前端伸出一对牙齿

■ 上图，一头雌性的布氏长喙鲸在巴哈马群岛附近

■ 页码38~39，地中海水域的一头剑吻鲸做出惊人的飞跃动作

最小的种类，体长约4米，最长可达6米。身体颜色为均匀的深灰色或棕色，带有浅色斑点。

成年雄性的身体上常有因冲突产生的长瘢痕，呈现非常明显的白线状。人们曾经在一头秘鲁中喙鲸的个体身上发现一处长约50厘米的因鲨鱼撕咬产生的圆形瘢痕。由于海上观察非常困难，现存的资料仅来自少数的观察，研究人员对于秘鲁中喙鲸的社会结构、习性和生殖状况了解很少。已知其分布在热带和温带地区的海洋中，主要在大陆架以外的深水域活动。

它们的稀有性加上特定的生活区域，让人类对其知之甚少。人们只是偶尔在海滩上发现其搁浅的尸体并对其进行解剖研究，很少有目击者看到它们。因此，与这个物种相关的资料还是非常匮乏的。■

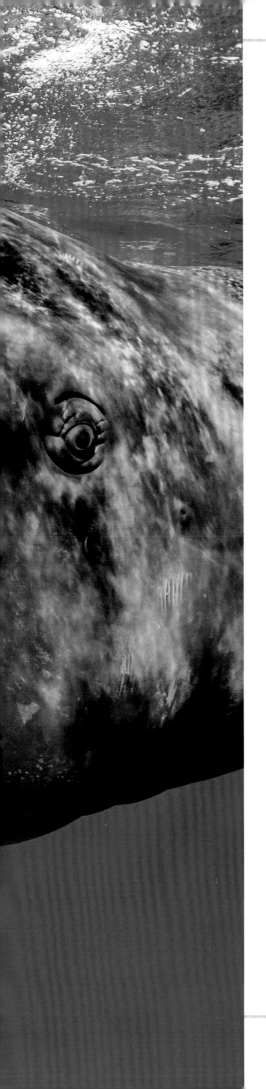

抹香鲸

在 18 世纪中期，人们对于抹香鲸有着以下描述：巨型野兽，海洋怪物，拥有优质的肉类、脂肪、油脂和其他宝贵物质。

抹香鲸的身形巨大，是体型最大的齿鲸。它的牙齿比大白鲨的牙齿还要大，拥有世界上最大的头部，所有的一切足以使之成为动物界的传奇。而且，研究人员对这种非凡的鲸类动物的研究越深入，越会发现它身上无数的神秘之处。例如，它是如何做到这种真正的进化史上的奇迹的，它到底拥有多高的智慧和多么令人难以置信的生活方式。

抹香鲸的体长约为 18 米，体重超过 50 吨。雌性体型较小，最长 12 米，体重为雄性的三分之一。通常它的身体颜色为均匀的深棕灰色，或者是浅灰色，有时（尽管很少）会长有大的白色斑点。小说《白鲸记》的主角就是一头白色的抹香鲸。抹香鲸的背面肤色呈深灰至暗黑色，

■ 页码 40~41，在加勒比海上，一头年轻的抹香鲸鼻子旁边附着一条寄生鱼

■ 上图，在多米尼加，一头成年抹香鲸在加勒比海的温暖水域中活动

■ 右图，我们可以清楚地看到抹香鲸的牙齿

■ 页码 44~45，这头抹香鲸侧转身子进行游动，让我们可以更清楚地看到其独特的身体结构：Y形的下嘴颌骨和独特的头吻部形状，类似于潜艇的船头

在明亮的阳光下呈现为棕褐色，而腹部是银灰发白，上唇与下颚靠近舌头的部位为白色。侧腹处通常有不规则的白色区块。头骨巨大，约为骨架全长的三分之一。颅顶形成巨大的凹陷，头顶处有一个外鼻孔，俗称"喷气孔"。身体中后段的皮肤表面通常有许多水平方向的褶皱。

鲸油

抹香鲸有着非常高的经济价值，巨大的"头箱"中盛有一种特殊的鲸蜡油：这是海绵体般的团状物质，是一种作用很大的润滑油，类似于蜡。

这种独特的身体物质一直是科学家们的未解之谜。最广泛的观点认为鲸蜡油与抹香鲸进行深潜有某种联系。但除此之外，最近的研究证实，它可能也具有声音"传导器"的作用，让抹香鲸可以发出声音。

鲸油是一种由鲸的脂肪提炼出来的油脂，是油性的物质。它具有非常独特的气味，形态与乳脂类似。

历史上，鲸油曾经是捕鲸人梦寐以求的珍贵物品。它是重要的照明和工业用油脂，也可作为化妆品原料和制造肥皂、蜡烛等的原料。

一颗巨型"梅子干"

抹香鲸的身体很大，从巨大的脑袋到尾鳍，表面都覆满了皱纹。这种极具特点的褶皱不禁让人联想到一颗梅子干的外观。它的尾鳍非常宽，形状类似于三角形。胸鳍却很小，在游泳时没有实际作用，位于身体的两侧，折叠起来时几乎完

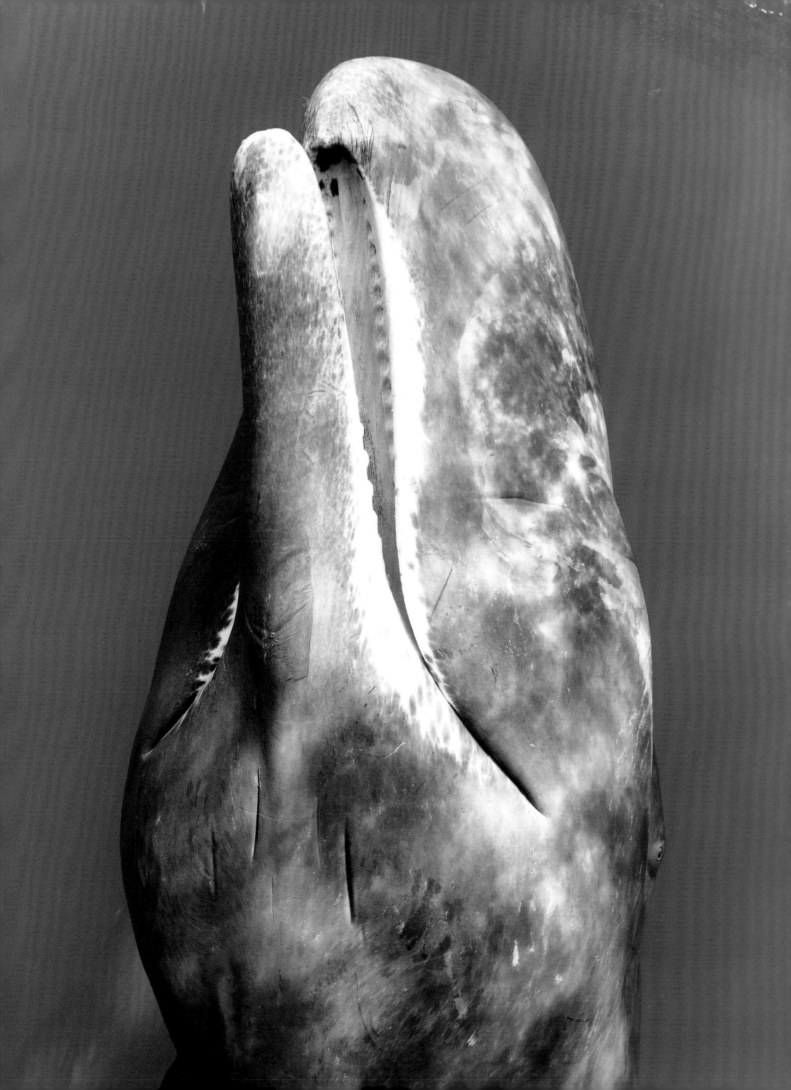

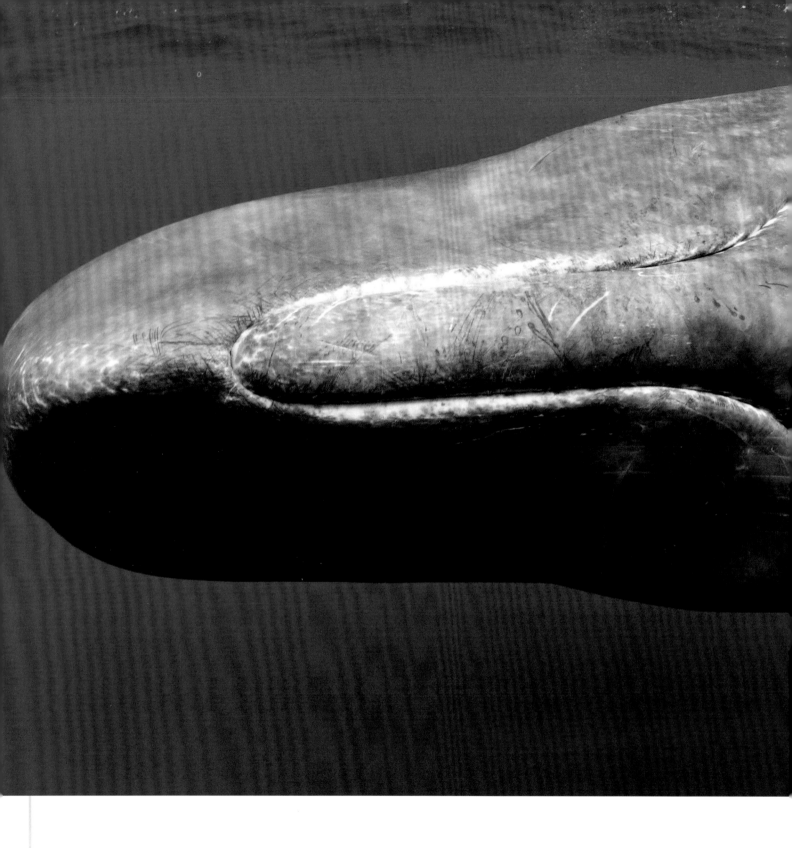

全隐藏在身侧的凹陷中。背鳍向尾鳍延伸的位置长有一串棱状的突起，其中靠近背鳍处的隆起较大。

从轮廓上看，抹香鲸的身体呈流线型，口内无须，头部向前变窄，外表大致呈长方体，有点像一艘船的船头。而且尾鳍巨大，肌肉组织非常有力，让抹香鲸的游动速度很容易达到每小时 30 千米。抹香鲸的嘴部非常特别，与其他鲸类的差别很大：它的下颌骨就像一根长棍，上下颚两端长有巨大的牙齿，嘴巴开口沿着两侧脸颊逐渐变宽；从腹侧角度看，它的嘴喙形状类似于字母 Y。牙齿的长度可以达到 20 厘米，每颗可重达 1 千克，呈圆锥形，稍微向后弯曲。当嘴巴闭合时，牙齿会隐入上颌骨的凹槽中，在这个凹

槽中有一定空间可供牙齿生长和移动。在大部分情况下，牙齿不会从牙龈中长出，尤其是幼年抹香鲸和雌鲸，几乎不会生长牙齿。不过，牙齿对于抹香鲸来说并不是捕获猎物的必需装备，因为它们的主要食物来源是头足类软体动物。

世界上最大的大脑

抹香鲸的大脑重达8千克，是世界上最大的大脑组织。

关于这个世界纪录，有一个非常有趣的事实需要了解，智力的高低并不与大脑的大小成正比。而且，跟抹香鲸的巨大体型相比，其大脑所占的比例低于许多其他较小的鲸类动物。

话虽如此，但众多研究结果证

龙涎香

龙涎香非常珍贵，是一种偶尔会在抹香鲸肠道里形成的蜡状物质。抹香鲸最喜欢吃的头足类软体动物拥有大而坚硬的喙。由于它不容易被消化，逐渐在小肠里形成一种黏稠的深色物质，并随着时间的流逝而变硬，最后就形成了龙涎香。它被储存在结肠和直肠内，刚被取出时臭味难闻，存放一段时间会逐渐发香，胜过麝香。在抹香鲸的尸体被分解之后，这种物质可以在海上漂浮数年，变成白色的蜡状物质，直到最后在海滩上搁浅而被人拾获。龙涎香是使香水保持芬芳的最好物质，可作为香水固定剂。

珍贵的物质

龙涎香为黑褐色，如同琥珀一样，是呈不透明的固态蜡状胶块，焚之有持久的独特香气。对于这种香气，不同的人闻到时会有不同的描述。它能够让人感受到海藻香、木香、苔香等香味，有特殊甜气和极其持久的留香，是一种很复杂的香气组合。数百年来，这种异常珍贵的物质一直被用作高级香料，用于配制香水或作为定香剂使用，使香精的香气较为稳定、缓慢挥发。它的稀有使其成为最珍贵的天然物质之一，价格非常昂贵，每千克的价值可达数千美元。

目前，龙涎香已经可用同等的合成产品替代。近几十年来，龙涎香的贸易已在许多国家被禁止，但仍然存在违反国际协定的使用和贸易现象。

■ 上图，在多米尼加的加勒比海，我们可以看到一头抹香鲸将自己捕获的一只巨型鱿鱼带到了水面附近
■ 下图，这是当地渔民在法属波利尼西亚图阿莫图群岛的海滩上发现的一块龙涎香。虽然看上去毫不起眼，但这就是传说中珍贵的龙涎香

明了抹香鲸具有很高的智慧。与其他聪明的海洋哺乳动物相同，特别是在复杂的社会性行为方面，它们展现出了不凡的一面。

抹香鲸是鲸类中分布最广的物种之一，仅次于虎鲸，遍及所有的海洋。它从热带水域到极地海域都有分布，不过只有成年雄性抹香鲸能够抵达极地附近。

我们几乎在所有海洋的深水区都能发现抹香鲸的身影。它们喜好群居，往往由少数雄鲸和大群雌鲸、幼鲸结成数十头，甚至二三百头的大群。每年，它们为了生殖和觅食进行南北洄游。

不过，目前还没有证据证明这些巨大鲸类存在迁徙规律。它们看上去并不存在周期性的规律

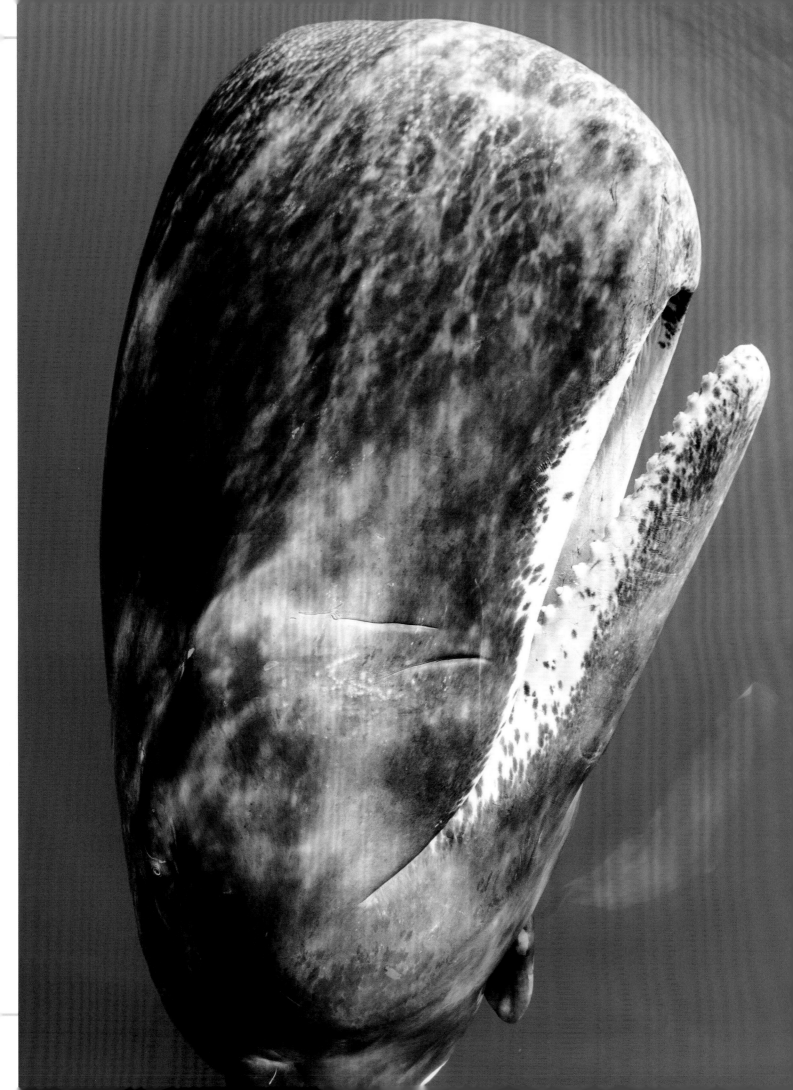

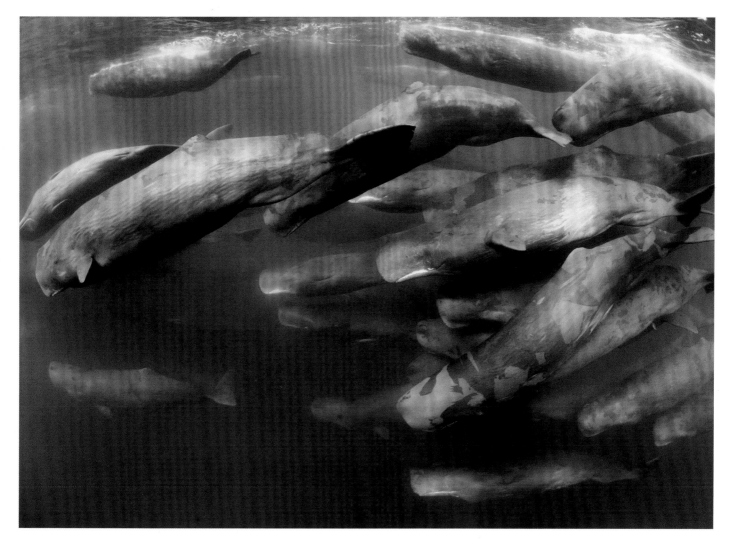

■ 页码47，一头抹香鲸向水面游去
■ 左图，成年抹香鲸与幼年抹香鲸关系亲昵，会进行身体接触。这种习惯性的肢体接触可以加强彼此之间的社会关系
■ 上图，我们可以看到一群抹香鲸聚集在一起活动。这种现象很常见，有时它们聚集的数量可达数百头

迁徙，一般只是为了追随食物的踪迹而进行迁徙。

社会习性

抹香鲸社会的基本单位由一个家庭小组构成。通常该家庭小组由成年雌鲸、年轻雄性及其后代组成，数量约为12头。

这些家庭小组与其他家庭小组合在一起，形成一个族群。在族群里，每头抹香鲸都有自己独特的声音以便同类辨识。族群拥有相似的狩猎习惯，活动模式也基本相同。

成年雌鲸的妊娠期间隔很久，每胎有一只幼鲸，极少出现双胞胎，而它们的哺乳期长达两年。繁殖地一般在热带与亚热带的海域。虽然有部分交配行为在冬季至夏季发生，但大多数在春季。抹香鲸为一雄多雌的配偶制度。小抹香鲸出生后，生长速度缓慢，而且雄鲸比雌鲸的成熟期要更长些。

雄鲸幼年时跟随母亲在热带海域生活，成年后会离群逐渐向较高纬度区域移动。体型越大、年龄越老的雄鲸，分布纬度也越高。甚至会接近两极的浮冰地带。

族群的繁育

雌鲸的妊娠期非常长，可持续14~16个月，幼鲸的发育也相当缓慢，而且母乳喂养可以持续数年。不过，母鲸一般在幼鲸出生后的第一年就给它喂食固体食物。据观察，在这个年龄段，幼鲸已经能够跟随母亲四处活动，

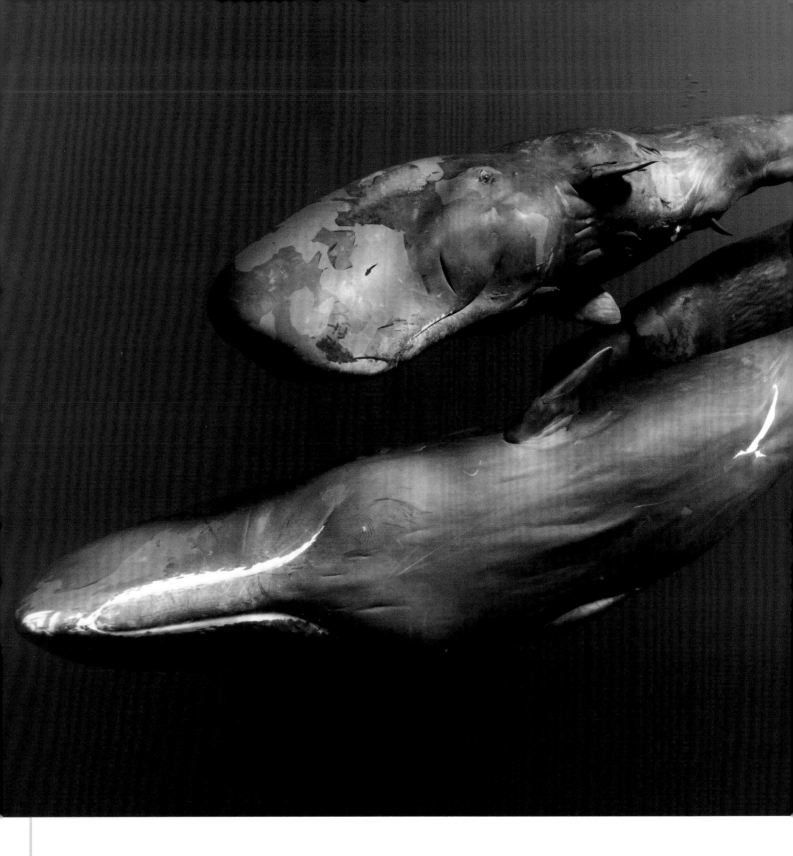

潜水深度可达 650 米。

　　雌性抹香鲸会互相协作，共同抚育族群里的幼崽，有时还会给其他幼鲸进行哺乳。当一个族群里的部分雌性需要下潜至深海中时，其他的雌性则会停留在水面，照看那些还无法跟随母亲深潜的幼鲸。它们会轮流交替作为族群的保姆，以免幼鲸无人照管。

　　当受到虎鲸的袭击时，成年雌性会聚集在一起，将幼鲸包围起来，形成一个"雏菊"形状的大圈，头尾的朝向可以有两种不同的组合：头部朝内，尾部朝外，这样有力的尾鳍可以拍打入侵者；或者头部朝外，尾部朝内，这样就可以通过头部与嘴部去顶撞和撕咬入侵者。不论是哪一种组合，战斗力都很强。

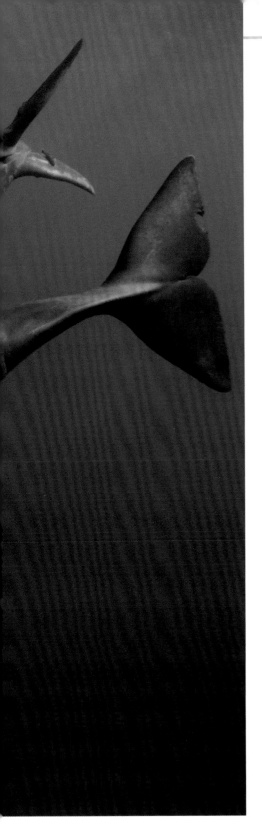

左图，由三头抹香鲸组成的家庭

右上图，体长达 7 米的领航鲸由于头部较大，经常被误认为抹香鲸，但它们的背鳍差异很大

右下图，一头雌性抹香鲸，旁边紧紧跟随着它的幼崽

最重要的是，雌鲸会尽全力地保护中间的幼鲸免受虎鲸的侵害。

除了帮助自己族群的幼鲸和同伴，人们也经常观察到：当别的海洋动物受到虎鲸的攻击时，抹香鲸尤其是雌性抹香鲸也会"挺身而出"，帮助其他的动物脱险。

抹香鲸的寿命可超过 50 年，最长可达 70~80 年。

捕猎

雌性抹香鲸和幼鲸的食物主要由不同种类的鱿鱼组成，重量100~10000 克不等。有时它们也会捕食鱼类，不过相比较而言次数较少。

成年雄性抹香鲸与雌性以及幼鲸的食物差异，仅仅体现于猎物的大小上。它们更喜欢捕食大型鱿鱼。

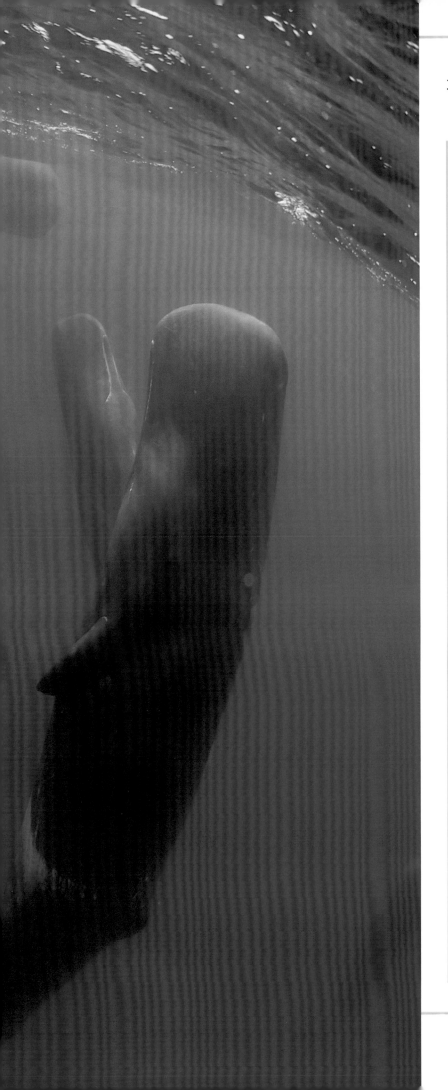

短暂的休息

在捕食过程中，抹香鲸群会聚集在一起组成一个突击阵线。成群的雌鲸和幼鲸会互相散开几百米的距离，但都朝着同一方向前进，一同潜入深海捕食鱿鱼。这样它们既保证了安全，也能够在一定的距离内分开捕食。

在"狩猎之旅"结束后，通常在下午时分，鲸群会聚集在一起休息。它们长时间一动不动地待在距离水面几米的范围内，像睡觉一样。

像其他的鲸类一样，即使在睡眠过程中，它们也会有一半的大脑保持清醒状态，时刻提防诸如虎鲸等掠食者的袭击。因为掠食者随时可能攻击幼鲸。

不过，事实上雄性抹香鲸是可以毫无顾虑地休息的。它们的庞大体型使其很少受到虎鲸的攻击，因此可以非常安心地睡去。

当然，雄性抹香鲸也无法保障自己处于绝对安全之中。抹香鲸在休息时会呈现非常奇特的景观：它们的头会垂直于水面悬浮，远远看上去非常不真实，因为就好像海里有许多巨大的"气球"被看不见的线固定在一起。

■ 上图，抹香鲸高高地抬起尾鳍，露出海面，准备重新下潜至海底
■ 右图，抹香鲸沿着几乎垂直于海面的轨迹上升和下潜

其中，大王酸浆鱿是它们最喜爱的食物之一，其长度可超过 14 米。抹香鲸的食物也有其他的大王鱿鱼种类。这些大型鱿鱼主要分布在深海或北部海洋中。

抹香鲸需要下潜至 1000 米的深海去捕获这些巨大的头足类软体动物。我们可以看到抹香鲸的身上有许多与这些大型软体动物搏斗留下的伤痕。这些大型软体动物拥有非常强大的喙，形状类似于鹦鹉，锋利且尖锐；此外，它们的触手吸盘内有一个角质环，其边缘像锯条一样锋利且呈锯齿状。鱿鱼会将触手牢牢地附着在捕食者的皮肤上，一旦被撕裂就会造成圆形伤口。因此，

成年的雄性抹香鲸的皮肤上经常布满数百道圆形瘢痕。

抹香鲸主要在深水处觅食，一般深度在 400~1000 米，最深可下潜至近 3000 米的深海，一次下潜持续时间从 45 分钟到 2 小时不等；在每次潜水的间隔，它们需要在水面上停留约十分钟进行呼吸。下潜和上浮的轨迹一般与水面近乎垂直，它们通过有力的尾鳍协助身体进行转弯。

一般而言，雌性抹香鲸会和幼鲸聚集在一起，成群结队地狩猎。在一天中，它们大约用四分之三的时间寻找食物，而雄性抹香鲸一般独自捕猎。

▶ 潜水准备

在准备潜水前，所有的鲸目动物都可以密封自己的外鼻孔。更神奇的是，抹香鲸虽有两个鼻孔，但只有左侧鼻孔畅通，可用来呼吸，而右侧的鼻孔则天生阻塞。

语言交流

比起其他的齿鲸，抹香鲸能够发出的声音种类和变化较少。这也许和它独特的身体结构有关。不过这一点尚未被证实，抹香鲸的社会化活动方面的资料依然匮乏。

抹香鲸也具备非常高的回声定位能力。这位巨人为了充分发挥这项能力，配备了与自己体型所匹配的大型器官，例如抹香鲸的鼻腔和内耳。

抹香鲸发出的声音主要是咔哒咔哒声。这种声音首先用于回声定位，同样也用于交流；当它们进行交流时，发出声音的组合和顺序似乎非常重要（有点像莫尔斯电码）；而且从一个群体到另一个群体，这个代码也会有所不同，似乎每个族群都拥有自己独特的语言。■

生存现状

正如之前反复提到的，抹香鲸在两个多世纪以来一直是捕鲸者梦寐以求的猎物。直到 20 世纪中叶，人类成立了国际捕鲸委员会以管制捕鲸活动。在此之前，每年都有超过 3 万多头抹香鲸被人类猎杀。

幸运的是，在国际捕鲸委员会的管控下，许多鲸类（不论齿鲸还是须鲸）的猎杀得到了有效控制。如今，所有地方几乎都停止了捕鲸活动，只有极少数例外，从物种保护的角度来看，这已经不会对鲸造成非常严重的影响。

抹香鲸喜欢在开阔的深海海域中活动，因此与其他鲸类物种相比，它们受人类活动造成的环境破坏的影响较低。目前，全世界抹香鲸种群的数量大约为 190 万，被列为易危物种。

■ 上图，海洋的巨大浮力使鲸类动物可以最大限度地活动身体。如图，抹香鲸可以将身体翻过来游泳

■ 右图，可以很清晰地看到这头侧对镜头的抹香鲸。它的头部至尾部，覆盖着非常明显的褶皱组织

■ 页码 58~59，在游泳过程中，抹香鲸会收起胸鳍，放置在身体两侧的凹陷处，从而确保整个身体符合流体动力学

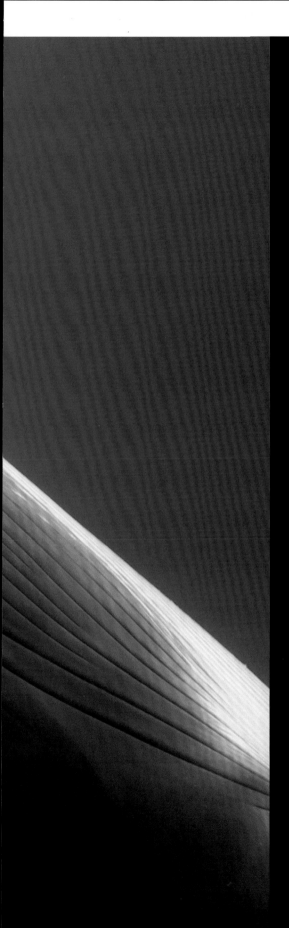

第三章
世界上最大的捕食者

通常，我们可以毫无疑问地将掠食者的称号赋予老虎、狼、鲨、虎鲸甚至金枪鱼这些动物。因为它们可以毫不费力地吞下一整只鲱鱼……那么，一次可以吃掉成千上万只鲱鱼的须鲸呢？

事实上，须鲸的食物与须鲸本身的大小相比，差距非常明显。须鲸也被称为"滤食者"，这是由它们独特的进食方式决定的。须鲸作为地球上有史以来最大的动物，却以比它们小很多的生物为食。须鲸会通过鲸须从海水中过滤出食物，这就是它们与众不同的进食方式。

不过，尽管它们属于身形庞大的食肉动物，但所有须鲸的性格都非常温和。因此，在海洋的食物链中，它们并不像虎鲸或鲨鱼一样站在金字塔顶端，而是位于中间位置。

一直以来，这些温柔的巨人的遭遇都深受人们同情。如今，几乎所有地方都停止了捕鲸活动，须鲸已成为人类研究的对象，以及另一项活动的主角——那就是各种动物摄影或观鲸活动，因为人们对这位巨人充满了好奇和好感。

■ 左图，一头鳁鲸倒浮在水面中，腹部的沟壑清晰可见

蓝鲸

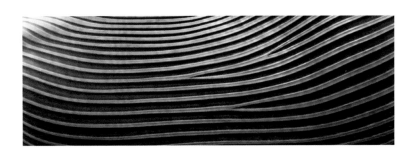

你可能觉得恐龙是地球上有史以来最大的动物。但事实上，最大的动物依旧存活在地球上，并徜徉在广阔的海洋世界之中，它就是蓝鲸。

须鲸的学名听上去似乎就是大型鲸的意思，实际上却有着非常不同的含义。其学名来源于希腊语，意为"带鳍鲸"，指长有背鳍的鲸。

须鲸属共有7种，其体型的大小差异很大，有约8米长的小须鲸类。同时，须鲸属也有令人难以置信的体长可达33米、重可达190吨的蓝鲸。它是世界上体型最大、体重最重的动物。

在18世纪中期，瑞典自然学家卡尔·冯·林奈（动植物双名命名法的创立者）幽默地用"musculus"作为蓝鲸种名的后缀，意思是"小老鼠"。

在潜水技术和水下摄影技术得

■ 页码 62~63，蓝鲸是当之无愧的动物界"巨人"

■ 上图，这头布氏鲸的嘴部装满了海水和小沙丁鱼。它在进食时会扩张自己的腹沟，然后通过鲸须滤除海水

到发展和改进之前，那个时代几乎没有这些大型鲸类动物的相关图像记载，只有捕鲸人曾经描绘过这些庞大的动物。如今，蓝鲸的图像显示，它与其他鲸类一样，身形流畅，完美符合流体动力学；其身体从侧面看（从小背鳍到尾鳍）呈长椎状，像被拉伸过一样，非常适合在水中上下移动，而长椎状的身体形状可以减小与水体之间的摩擦力。尾部均匀分布着非常强大而有力的肌肉，宽阔的尾巴为其在水中前进提供了

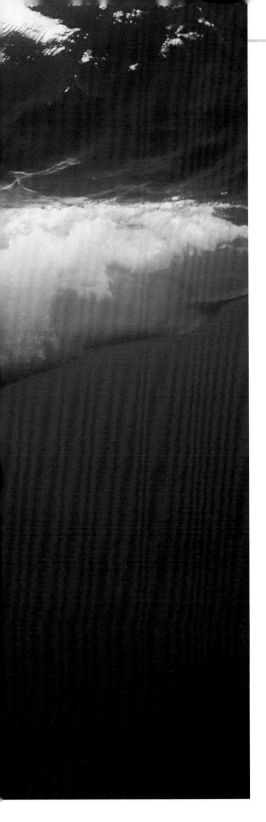

由于没有水体支撑庞大的身体，蓝鲸的整个身体会由于自身的重量而垮下来，扭曲变形。从海洋上空的航拍影像中，我们可以看到，蓝鲸身体最宽的部位与眼睛的位置相对应，往后逐渐变窄直至尾部，两侧细长的胸鳍像两个小翅膀一样保持张开。

顾名思义，蓝鲸的颜色是均匀的浅灰色或淡蓝色。它的背部有淡色的细碎斑纹，胸部有白色的斑点。蓝鲸分布在世界上除内海和北冰洋外几乎所有的海洋中。它们主要生活在磷虾（其主要食物来源）丰富的海域。

世界上最大的嘴

蓝鲸的头几乎占了整个身体长度的四分之一，嘴巴的开口从眼睛下方开始。蓝鲸吻宽，口大，嘴里没有牙齿，上颌宽，向上凸起呈弧形。它拥有世界上有史以来的动物中最大的骨头，长度可达7.5米。你只要想象一下，世界上最小的哺乳动物鼩鼱的下颚只有几毫米宽，就能感受到动物世界的奇妙之处。

蓝鲸的口腔内部两侧生有黑色的鲸须板，每侧多达300~400枚，每一枚的长度达一米。

此外，蓝鲸从喉部延伸至尾部的一系列褶皱也是其独有特征，当它们大快朵颐时，这些褶皱可以帮助它们排出海水。

这些独特的生理结构都是为了保证蓝鲸能够完成所有的进食步骤：吞入海水和磷虾，排出海水，吞咽食物。

当蓝鲸张开嘴巴时，通过极具弹性的韧带，它的颚骨可以向外旋转，形成一个巨大而又宽阔的汤匙结构，能够一次容纳数吨的海水和磷虾。腹侧的皮肤褶皱在嘴巴张开的同时一起伸展，你可以看到蓝鲸的下腹像一个巨大的气球一样膨胀起来，极大地增加了嘴部的容量。

一旦嘴巴被"填满"，蓝鲸就会合上大嘴，只留下一条窄窄的开口。然后，它会收缩腹沟，用舌头朝上颚推动，让海水从鲸须板中排出，只留下满嘴的磷虾。

蓝鲸的惊人体型也给这只非同寻常的动物创造了无数的世界纪录。例如，一头蓝鲸每天消耗的磷虾重量可达3吨，相当于300~400万只虾；甚至，就连它的舌头也是无与伦比的，重量超过2.5吨！

生活习性

蓝鲸一般很少结成群体，大多数是独居或双栖活动。不过在磷虾丰富的海域，它们也会形成由50头或更多个体组成的大型群体。

毫无疑问，海洋给蓝鲸提供了无比宽阔的活动空间，虽然与长20厘米的沙丁鱼相比，在体长30米的蓝鲸眼里海洋要缩小150倍。蓝鲸还拥有一种可以在远距离保持通信的系统：它们能以非常低的频率发出叫声，这种次声频率远低于人类能够听见的范围，可以传播至数千千米之外的水域。

通过这种交流方式，即使蓝鲸在海洋盆地相距甚远的两端，不论是个体还是族群之间都可以轻松保持联络。

推力，游动速度可以超过每小时40千米。

目前，蓝鲸的解剖研究样本一般来自于沙滩上搁浅的尸体。此时，

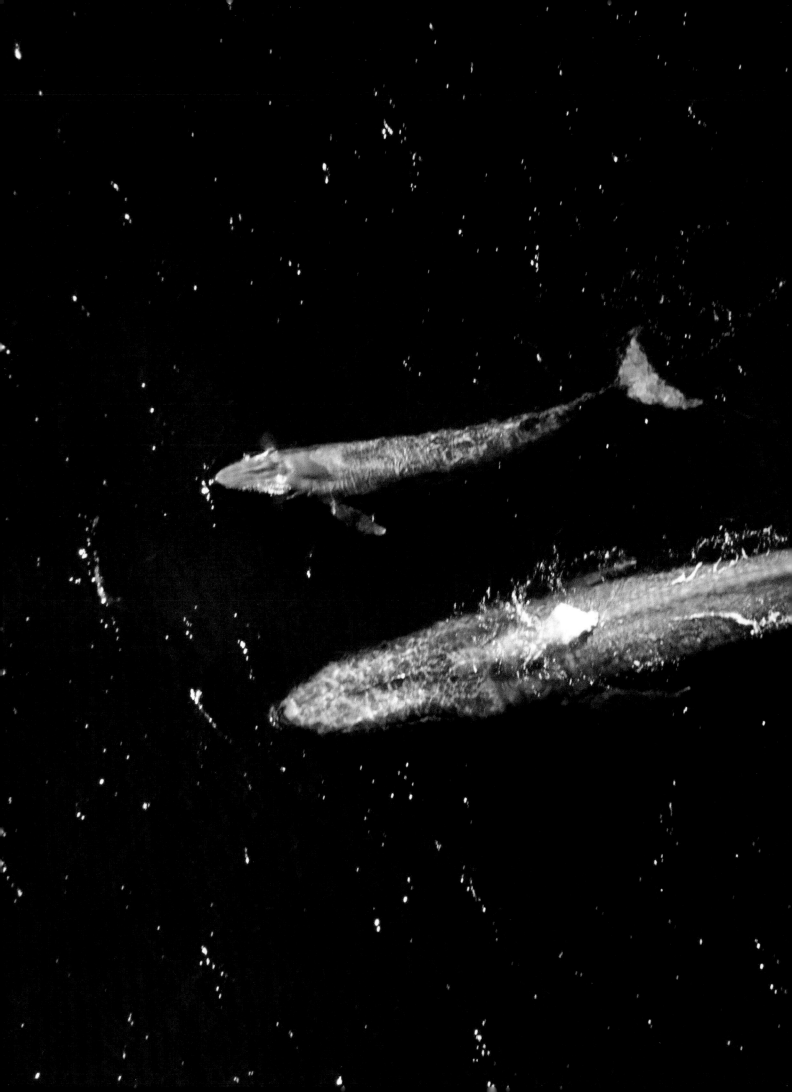

关于幼鲸的记录

　　刚刚生下来的蓝鲸幼崽体长约为 5 米，体重 2~3 吨不等，每天需要喂养 400 升的母乳，一直持续 6~8 个月。在此期间，它们每天都会快速成长，甚至一天能增长 90 千克的体重。在哺育幼鲸期间，由于需要分泌大量的乳汁，母鲸的体重会比原来减轻四分之一。

　　关于蓝鲸繁殖的信息被记载的较少，因为有关蓝鲸的观察记录本身就非常少。

　　雌鲸一般每两到三年就生育一次，在 8~10 岁时达到性成熟，妊娠期为 12 个月，一胎产一只幼鲸。幼鲸与母亲会一直保持非常亲近的关系。

　　据估计，蓝鲸的寿命可以达到 80~90 岁，但据目前所知，蓝鲸的平均寿命为 45 岁。

■ 左图，通过海上航拍的图片，我们可以欣赏到蓝鲸优美的流线身形。这种身形便于其持续而快速地游泳，进行长距离的移动

■ 上图，在美国的加利福尼亚州，两头蓝鲸侧起身子、张大嘴巴在水面上进食
■ 右图，我们可以清楚地看到蓝鲸的背面椎骨的形状，它并排的两只鼻孔正在张开换气，如同所有的须鲸一样

直到近几十年，我们才有能力观察到蓝鲸种群。关于蓝鲸的发声系统以及不同区域的种群之间差异性的研究，我们能够掌握的数据仍然十分匮乏且零散。此外，对蓝鲸在社会交往中发出的各种声音的含义，我们也无法解释。

当它的头部露出水面呼吸时，会有一股强有力的灼热气流冲出鼻孔，形成壮观的水柱，人们称之为"喷潮"。

蓝鲸从水面向下潜入的时候，通常不需要将尾鳍浮出水面——它会直接下沉身体。不过，这一点在不同的种群之间也会有差异，某些种群的蓝鲸会借助尾鳍拍打水面的力量下沉，但不会像抹香鲸那样将尾鳍抬得很高。

通常，蓝鲸会在距海面100米深的地方觅食，这个深度拥有最密集的磷虾群。一般蓝鲸下潜的深度不会超过500米。

长须鲸

长须鲸比蓝鲸体型小一些，长度最大为26米，重约80吨。它们的分布范围与蓝鲸类似，另外在地中海地区也有分布。

长须鲸会进行周期性的南北迁徙。这种迁徙行为与季节的变化有关，因此北半球与南半球的种群迁徙周期是完全相反的，这样双方就会错开。另外，南北半球的长须鲸的特征也有所不同，尤其是在数量的规模上，北半球的长须鲸数量比南半球少。

长须鲸的身体颜色与蓝鲸的颜色不同：它的背面为铅灰色；腹面为浅色，并有深色阴影色带；头部

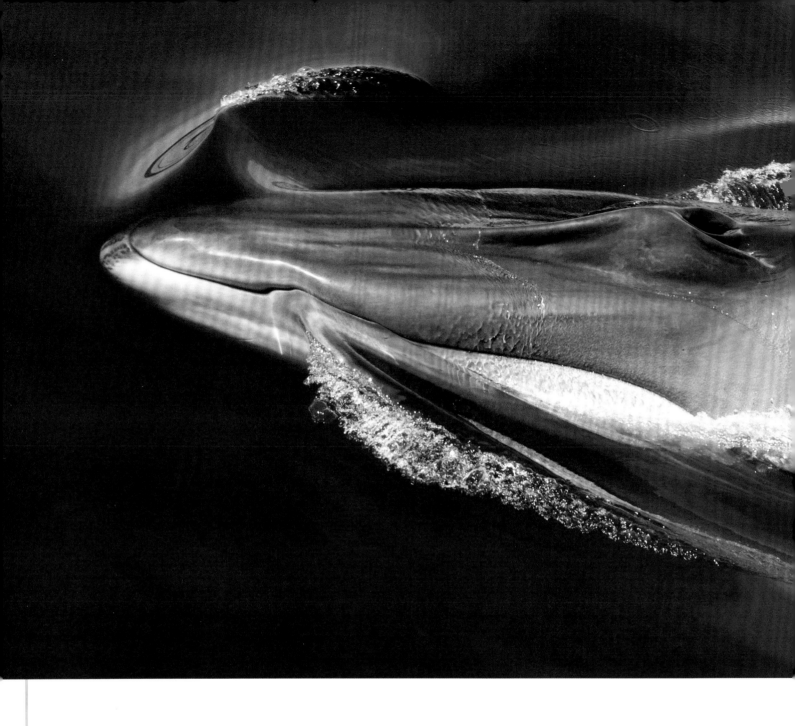

后方有灰白色的人字纹，右侧的下唇、口腔以及鲸须的一部分是白色，而左侧则全部都是灰色。

最奇特的一点是，颌骨两侧的着色不对称。一般来说，长须鲸的颌骨右侧为白色，而左侧始终是与背面颜色相同的深色。这种左右两侧持续不断的不对称着色，在脊椎动物甚至整个动物界中都是一种非常独特的情况。

长须鲸的食物结构不像蓝鲸那么单一，包含了多种生物：一些小型的鱼类（例如鲭鱼和鲱鱼）、鱿鱼和乌贼，还有甲壳动物（包括糠虾和磷虾）。

长须鲸和蓝鲸在社会行为和生物解剖学上具有许多相似之处。因此，这两种鲸会形成混合种群，甚至可以进行交配和繁殖。不过总体来说，这种情况还是非常少见的。

■ 左图，长须鲸的体长仅次于蓝鲸。其头部独特的流体动力学形状和快艇的船头很像

■ 上图，一头长须鲸在水面游泳时露出了部分身体

▶ 捕鲸造成的伤害

　　蓝鲸与抹香鲸一样拥有被捕杀的悲惨历史，甚至被捕杀的情况更加严重。举个例子，从 20 世纪初到 20 世纪中叶，仅在南极海域就有约 35 万头蓝鲸被人类捕杀。最终，这些海域的蓝鲸数量锐减到数百头，只有一小部分幸免于难。如今，全球蓝鲸种群的总数尚无法确定，但保守估计不超过 25000 头，可以说是过去庞大数量的一个零头。据估计，全球范围内鲸的数量约为 100000 头。然而，虽然现在人类已经禁止捕鲸，并采取了保护措施，但鲸对海洋和大气的污染都非常敏感。在最近的半个世纪中，鲸的数量有所增加，不过幅度并不明显。蓝鲸和长须鲸已经被列入世界自然保护联盟濒危物种红色名录。

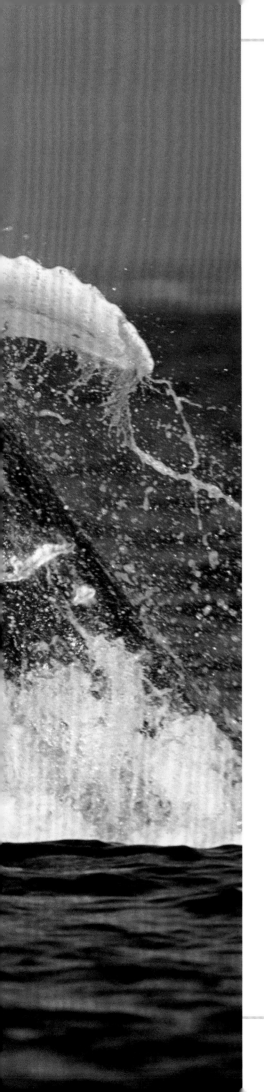

座头鲸

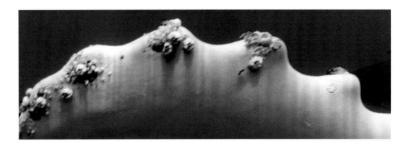

座头鲸的"鲸之歌"是鲸类的代表歌声，一年中的大部分时间它们都在歌唱，向人们传递着它们不可言说的情绪。

座头鲸属于须鲸，但其外观与"正常"的须鲸不同：它的身体短而宽，后背向上弓起，胸鳍巨大。

座头鲸是最著名的鲸类，市面上有许多有关座头鲸的影像和纪录片。的确，它的奇特外观让人印象深刻。与其他须鲸和大多数的大型鲸类动物不同，它的社会性很强，性情温顺，常出没于海岸附近，喜

欢突然破水而出，做出类似杂技演员一般的后滚翻动作。它露出水面呼吸时会发出响亮的声音，吸引人们的注意，而且喜爱唱歌。

座头鲸重达 30 吨，体长最长可达 17 米。巨大的头部几乎占了身体长度的三分之一，形状扁而平；吻宽、嘴大，头部有许多肿瘤状的突起，每个突起的上面都长出一根

毛，而身体的其他部位却全都没有毛。背鳍较低，短而小。背部不像其他鲸类那样平直，而是向上弓起，形成一条优美的曲线，故得名"座头鲸"，也叫"弓背鲸"或者"驼背鲸"。

胸鳍极为窄薄而狭长，有鲸类中最大的胸鳍，几乎达到体长的三分之一。鳍肢上有趾，前缘具有不规则的瘤状锯齿，后缘有波浪状的缺口，整体呈鸟翼状，所以又被称为"长鳍鲸""巨臂鲸""大翼鲸"等。

鳍肢上方为白色，尾鳍腹面呈白色，边缘为黑色。

它的嘴巴非常大，进食时上下颚间特殊的韧带结构可使口张开，呈很大的角度。

尾鳍十分宽大并且具有特殊的形状，看起来像蝴蝶的两个翅膀一般优雅、美丽。尾鳍的表面褶沟较少，外缘呈不规则钳齿状；平行纵沟或棱纹由下颌延伸至脐部，腹部有褶沟。通常身体的背面和胸鳍呈黑色，有斑纹，腹面呈白色，但有

的背面和胸鳍也呈白色。

它的皮肤上常附着藤壶和茗荷亚目类等蔓足动物，而且携带着许多有吸盘的动物。

社会习性

座头鲸是一种社会性动物，性情十分温顺可亲，个体之间也常以相互触摸来表达感情。但它在与敌人格斗时，会用长长的鳍肢或者强有力的尾巴猛击对方，甚至用头部去顶撞，结果常造成对方皮肉破裂、

■ 页码72~73，在夏威夷群岛海域，一头座头鲸准备从高空落入水中，这种动作对于摆脱皮肤上的寄生物很有用

■ 左图，座头鲸胸鳍的近距离特写镜头。我们能够看到胸鳍边缘的起伏，它非常符合流体动力学，可以减少与水的摩擦阻力

■ 上图，在汤加群岛瓦瓦乌岛，一头幼年座头鲸正在与母亲进行亲昵的肢体接触

鲜血直流。该物种的总体分布与其他鲸类相似，但是在不同的海洋区域分布情况也不同，例如在太平洋和大西洋的赤道带中就没有分布，在东地中海、波罗的海和北极海域中也未发现。

当猎物数量稀少时，座头鲸常常单独觅食；而当猎物数量很多时，座头鲸便形成较大的群体，有时不同群体之间还会互相争食。因此，有时食物的多少、分布和种类，也会直接影响座头鲸的数量。

座头鲸种群会根据季节进行周期性迁移，在各大海洋中均被发现。它们是一个迁移型的物种，夏天生活在凉爽的高纬度水域，但是在热带或亚热带水域里交配繁衍。座头鲸每年进行有规律的南北洄游：夏季洄游到冷水海域索饵，冬季到温暖海域繁殖；洄游期不进食，游动速度较慢。

由于座头鲸通常每年进行迁徙，它们因此成为哺乳动物中最优秀的旅行者之一。但阿拉伯海的座头鲸是例外，它们长年都生活在那些热带的海域中。

座头鲸是已知的迁徙距离最长的动物之一，每年往返迁徙距离可达8000千米。

聪明的"捕鱼者"

座头鲸以磷虾等小型甲壳动物为主要食物，此外还有鳞鱼、毛鳞鱼、玉筋鱼和其他小型鱼类。

座头鲸进食的方法也很奇妙。第一种方法是冲刺式进食法，它将

下颚张得很大，侧着或仰着身子朝虾群冲过去，下颚下边的褶皱张开，吞进大量的水和虾，然后把嘴闭上，通过鲸须将水过滤，把虾吞食。第二种方法是轰赶式进食法，它将尾巴向前弹，把虾赶向张开的大嘴。这种方法只有在虾特别密集时适用。第三种方法是吐泡式觅食，它做螺旋形姿势向上游动，吐出许多大小不等的气泡，使最后吐出的气泡与第一个吐出的气泡同时上升到水面，形成一种圆柱形或管形的气泡网。气泡网看起来就像一只巨大的海中蜘蛛结成的蜘蛛网，把猎物紧紧地包围起来，并将猎物逼向网的中心。然后它便在气泡圈内垂直向上游动，张开大嘴，吞下猎物。

它的嘴张开时，其特殊的弹性韧带能够使下颚暂时脱落，可以一口吞下大量的磷虾或较小的鱼类。

其食道的直径较小，不能吞下较大的食物，这可能就是它只能吃小动物的原因之一。由于日照充足，北半球冰川地带的海湾里浮游生物

■ 左图，在阿拉斯加查塔姆海峡，一群座头鲸正在围捕密集的鱼群

■ 上图，在汤加群岛的瓦瓦乌岛，一头年轻的座头鲸像间谍一样，探出头部环顾四周

大量滋生，养育了以浮游生物为食的磷虾。它们的数量巨大，常常数百万只群集在一起，因此为座头鲸提供了极为丰盛的食物来源。

鲸之歌

座头鲸是动物世界里最出色的歌手之一，它们的声音不但节奏分明、抑扬顿挫，而且还能反复交替，很有规律。座头鲸每次唱歌的持续时间很长。更令人吃惊的是，它们唱歌不是靠声带发声，而是通过体内的空气流动发声，就好像在憋着气唱一样。唱歌也属于雄鲸求偶的方式之一，洪亮动听的歌声可以使雌鲸从几十千米外赶来，彼此结成伴侣，然后繁殖后代。过了繁殖季节，雄鲸唱歌的频率就会稍微降低。座头鲸的歌声每年都会更新。

求爱与繁殖

雄性座头鲸之间经常会通过暴力的方式来争夺雌性。它们会以壮观的搏斗来炫耀自己的力量。

通常在求爱期间，座头鲸的活动也会很频繁。有时，它们先在水下快速游上一段路程，然后突然破水而出，缓慢地垂直上升；直到鳍状肢到达水面时，身体才开始向后徐徐地弯曲，好像杂技演员的后滚翻动作。它可以钻入水中快速地潜水，仅用几秒钟就消失在波浪之下。

在繁殖期，它们在水中跳动而产生的水花声很响亮，甚至在数千米外都能听到。座头鲸的皮肤上附着着众多的寄生物，包括藤壶、无柄甲壳类动物等，一般附着在座头鲸的头和鳍的结节处。除此之外，还有大量所谓的"鲸虱"，它们实际上是甲壳类动物。这些寄生物的重量可达半吨之多，但对于座头鲸来说，并不会对其行动能力产生影响。

通常座头鲸会在温暖的热带水域进行交配。雌鲸用乳汁喂养幼崽，乳头会自动分泌乳汁，让幼崽在水中吸食，而且幼崽会发育得很快。令人惊讶的是，雌鲸能够在哺乳期间为幼崽的成长提供一切营养，而它自己可以很长时间不吃东西，直到几个月以后才开始寻找食物。

刚出生的幼鲸体长约 4 米，重约 700 千克，约占母亲体重的五分之一。它们在出生后的 6~12 个月需要母乳喂养。■

▶ 增长的数量

座头鲸的历史与其他大型鲸类相似。自从捕鲸被禁止以后，它们的数量已显著增加，目前全球范围内约有 8 万头。尽管受到大气和海洋污染的影响，以及面临捕鱼作业中意外捕获或与海上船舶相撞等意外危险，但总体而言，该物种的现状并不太令人担忧。

■ 左图和上图，座头鲸唱歌是求偶仪
　式的一部分，它的歌声已经成为鲸
　类歌声的代表和象征
■ 右图，一头幼鲸正将嘴巴靠在母
　鲸的乳房裂隙上，吸食营养丰富
　的乳汁
■ 页码80~81，在挪威北部的克瓦洛
　伊附近，在光的映衬下，座头鲸优
　雅、美丽的尾巴露出海面

露脊鲸

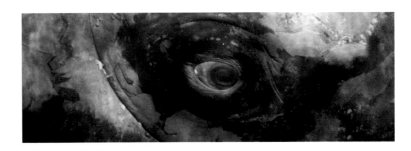

露脊鲸的身上生有圆形的角质瘤。它们看似丑陋，实际上却代表了哺乳动物进化能够达到的最高水平之一。

露脊鲸是一种鲜为人知的鲸类动物。尽管它们的名字经常出现在文献记载中，但往往被不恰当使用。

露脊鲸属于露脊鲸科，分为两个属：一个是 *Balaena* 属，只有一个种类，即北极露脊鲸；另一个是 *Eubalaena* 属，包括黑露脊鲸、南露脊鲸和北太平洋露脊鲸。

露脊鲸的学名 *Eubalaena* 原意为适合捕杀的鲸。因为捕鲸者曾经将其视为捕杀的重要对象之一。

在过去，捕鲸团队没有办法捕猎那些移动速度较快的鲸类，而露脊鲸速度较慢，可以轻松接近并捕获。由于露脊鲸的体内含有大量脂肪，在被杀死后，它们的尸体会漂

浮起来，这简化了运输的过程。同时，它们体内的脂肪被熬制后可以做成所谓的"鲸鱼骨"，用于制作紧身束胸衣和其他的高级硬质衣物。

所以，当我们提及"鲸"这个概念时，在最早的时期指的就是露脊鲸。也就是说，它们才是"真正意义"上的鲸。然而事实上，与其他的须鲸相比，它们有很多不一样的特征。

露脊鲸的体形肥大、短粗，比其他鲸类动物行动更为迟缓，而且游泳速度很慢，最快速度仅能达到每小时 10 千米。不过，它们拥有一个长达 6 米宽的大型尾鳍，可以为庞大的身躯提供足够的助推力，甚至可以让露脊鲸全身跳出水面。

露脊鲸与其他须鲸很容易区别开来，最明显的特征就是它们没有背鳍，背部光滑无毛，上颌的背面很窄，下颌的侧面呈显著的弓形。腹部没有腹沟，但口裂弯曲、鲸须极长，可以帮助露脊鲸进食。它们的巨大头部占据身体长度的三分之一，而且外形非常独特：从喉咙到头顶的高度大约为 4 米；嘴巴张开的口裂弧线极宽，张开高度可达到眼睛的位置。露脊鲸的口中两端各有约 300 个鲸须板，长度可达 4 米，并被短毛覆盖。

在露脊鲸的头部，长有许多粗糙的角质瘤，形状奇特且不规则。这是由于露脊鲸表皮皮肤的异常增生而产生的奇特组织。在上颌的前端位置，长有一颗最大的角质瘤，在下颌前端的两侧及喷气孔则长有较小的

■ 页码82~83，北极露脊鲸在北极冰下的冰冷海水中游泳，可以看到其巨大的拱形嘴
■ 左图，露脊鲸的庞大身躯让人无法想象需要多大的力气才能支撑其跃出水面，宽大而有力的尾鳍让露脊鲸能够进行空中动作。该图摄于阿根廷丘布特省瓦尔德斯半岛
■ 上图，这只露脊鲸张大的嘴巴中布满了长长的鲸须，皮肤上还附有很多藤壶

角质瘤。另外，下颌的两端各分布一连串拳头大小的角质瘤突起。

露脊鲸科下的四个种类体型相似：根据种类的不同，体长17~19米，重约80~90吨。身体的主要颜色是黑色，一般下颌的前端以及尾柄部位都不见白色，但腹部脐的周围常有不规则的白斑。

鲸须板

露脊鲸的食物较为单一，几乎只限于桡足类中的小型浮游甲壳动物和小型软体动物。它们摄食的时候会张开大嘴，将海水连同食物一起吞入口中，然后将嘴微闭，用舌将海水从鲸须之间挤压出去，再将滤下的食物用舌卷而食之。因为咽部很窄，它们不能把吞入口中的大型鱼类咽进腹内，只好再吐出来。

每次潜水觅食时，露脊鲸会潜到不同的深度寻找浮游的生物群。经过数次较浅的潜水后，它们就会有一次持续10~20分钟的深潜水，但深度仍不会很深。

喜好寒冷的水温

北极露脊鲸只在北极和亚北极的水域中生活，而其他的露脊鲸生活的海域也与寒带海域相连。但它们会根据季节进行移动，前往温带水域。

随着季节变化，生活在北半球的露脊鲸会沿着海岸，一部分从日本的南部诸岛向非洲的西北海岸移动，一部分从墨西哥向美国佛罗里达州的海岸移动，它们很少会进入

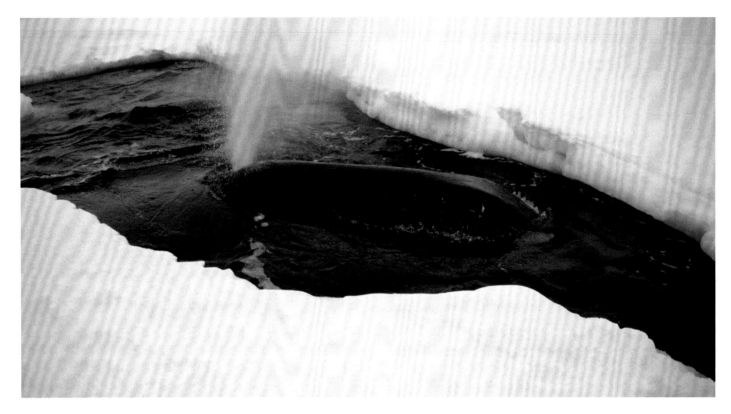

■ 上图，北极露脊鲸在北极浮冰间游动
■ 右图，南非南部沿海的两只雌性小露脊鲸

种群现状堪忧

作为受捕鲸业影响最大的大型鲸类动物之一，现在的露脊鲸数量仅为过去种群的很小一部分。其中，北极露脊鲸的数量极为稀少，仅有数百头。近几年来，虽然露脊鲸一直在逐渐恢复中，但仍被认为有灭绝的危险。和北极露脊鲸一样，南露脊鲸一直以来也不怎么受人们关注，种族规模有大约8000头。

地中海海域；南半球的露脊鲸主要分布在南极洲，向北延伸到南半球各大洲的南部海岸。

社会习性

露脊鲸大多会独居或成对地生活，常见到母鲸和幼鲸一起活动。不过，在大量浮游生物繁殖的海域，它们也会组成群体进行活动。

露脊鲸发出的声音类似于吼叫声，它们还可以发出频率不同的声音，与同伴进行交流。不过，研究者还不清楚这些声音的具体含义。

在繁殖期，露脊鲸会成群地聚集。雌鲸的声音会吸引雄鲸靠近，有时候一头雌性会被二十头或更多的雄性包围。

不过，雄性之间的竞争并不激烈，很少能看到雄性露脊鲸之间发生非常强烈的冲突。在繁殖期，露脊鲸的活动频率也会大大增加。人们可以观察到它们在空中不断进行动作表演，包括跃出水面以及用尾巴和腹鳍拍打水面。

一头雌性可以与多头雄性进行交配。一般雌性的妊娠期持续约12个月，幼鲸的成长速度惊人，可以在短短2年内长到成年露脊鲸的大小。■

灰鲸

顾名思义，灰鲸因全身呈不同色调的灰色而得名。虽然灰鲸相貌丑陋，但性格温顺。在过去，有人称灰鲸为"灰色的岩岸游泳者"。

我们提到灰鲸，就不得不将其与另一种同属于须鲸的露脊鲸进行比较。因为这两种鲸类有很多的相似之处。实际上，灰鲸虽属于大型鲸类动物，但总体来说体型不是特别巨大。它的体长约15米，重约45吨，比露脊鲸稍微粗壮一点。

灰鲸没有背鳍，在背脊上有数个峰状突起。第一个峰状突起最大，越靠近尾部越小。灰鲸的颜色为灰蓝色，比蓝鲸的颜色更深。它的全身密布浅色斑，以及由鲸虱和藤壶类构成的白色至橙黄色斑块，看起来就像"星云"一样。

灰鲸的头部细长，眼睛为卵圆形，位于口角的后面。灰鲸的眼睛比其他须鲸类的位置靠上，上眼睑略长。

总体来说，灰鲸并不是外表特

观　鲸

灰鲸是大型鲸类动物中唯一一种经常出没在沿海和浅水域附近的种类。因此，灰鲸较容易被人类观察到。在墨西哥下加利福尼亚州的沿海地区，每年都有成千上万的游客和观鲸爱好者慕名前来欣赏灰鲸的身影。雌性灰鲸甚至会鼓励幼鲸与人类进行互动。虽然很难解释其中的缘由，但对于鲸类爱好者来说，这再好不过了。

这种"生态旅游"的形式一直以来颇受争议。因为一些研究人员担心，与人类的这种持续、大规模的接触可能会改变鲸类的自然行为，并为其带来长期的负面影响。不过，一些观鲸活动盛行的地区也采取了一系列保护措施来保证鲸类的正常生活，这也要归功于旅游业带来的经济效益。

■ 页码88~89，在墨西哥下加利福尼亚州的圣伊格纳西奥泻湖，灰鲸张开的嘴巴内覆盖着密集的鲸须
■ 左图，在墨西哥下加利福尼亚州的马格达莱纳湾，一头好奇的灰鲸正面对着镜头

别吸引人的鲸类，特别是与其他须鲸的优雅形态相比。此外，灰鲸的皮肤有大量藤壶和鲸虱寄生，寄生物几乎散布在其整个身体上。它们身体表面的皮肤凹凸不平，因被岩石或砂擦伤，以及藤壶等寄生物附着后留下伤疤，从而形成了赖皮状组织。

灰鲸的游泳能力也并不出色。它们游动的速度仅为每小时几千米，最深可潜至150米。

不过，正是这些"瑕疵"让灰鲸变得更加生动，性格也很有趣。

恶魔鱼

灰鲸被称为"恶魔鱼"并不是毫无缘由的。这是过去的捕鲸者曾经赋予灰鲸的称号：灰鲸是一种易

于接近的鲸类，但捕获它是一项非常冒险的任务。灰鲸在受到攻击时，会拼命地挣扎和反抗。在过去，灰鲸的激烈反应让许多试图抓住并杀死它的水手丧生。

不过，这种行为对于动物来说是非常正常的应激反应。如果灰鲸感觉没有危险，就会好奇地接近船只，把头部的口鼻部分伸出水面并观察陌生的来访者，甚至愿意接受人类的肢体接触。

鲸须过滤器

与其他的须鲸不同，灰鲸的饮食习惯与其主要分布在沿海地区有着密切关系。事实上，沿海地区的食物主要来自于生活在水底或浅水沉积物之间的生物。所以，灰鲸主要以浮游性小甲壳类、鲱鱼的卵，以及其他的群游鱼类为食。

当灰鲸进食时，它们在水中缓慢游动，用嘴的一侧伸进海水底部，吸入大量的沉淀物。然后，它们再用比其他鲸类更短且厚的鲸须板进行过滤。

灰鲸还拥有自己独特的捕食技巧，与其他的须鲸非常不同：在捕

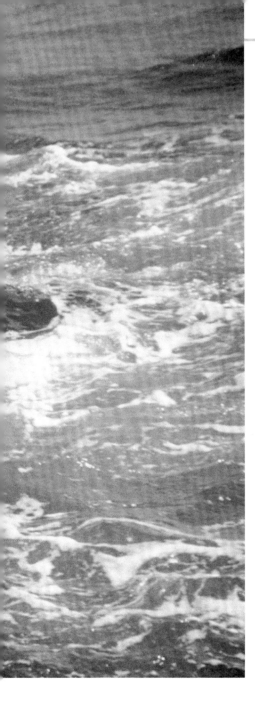

■ 左图，在美国的加利福尼亚州蒙特雷，有一个非常惊心动魄的场面：母灰鲸为了保护自己的幼崽免受虎鲸的袭击，用身体将幼鲸抬出水面

■ 上图，在这张特写照片中，我们可以清楚地看到藤壶和鲸虱侵蚀了灰鲸的皮肤表面，让灰鲸的皮肤看上去非常粗糙

食时，它们会游至海底，不断搅动海水和泥沙。这样产生的漩涡泥沙流会带有大量的虾类、红蟹、鱼类和片甲类动物等，灰鲸就可以趁乱吸入满满一大口的食物。

灰鲸在进食过程中，通常只用头部的一侧去滚扫海底表面。因此，它们通常有一侧的鲸须会比另一侧更短，一侧皮肤上寄生的藤壶也较少。

灰鲸主要生活在沿海地区，还具备借助水下自然声音（例如海浪撞击岩石的声音、湍流或冰块撞击产生的声音）来进行定位的能力。

但是，沿海地区的船用发动机和其他人类活动的噪声会对灰鲸的定位造成严重的干扰。

灰鲸具有良好的视觉能力，即使在泥沙浑浊、迷蒙一片的水中，也能看得很清楚。在能见度高的清澈水域中，它们还经常将头部伸出水面，侦察周围的环境。

在浅潜水时，灰鲸的尾鳍并不露出水面，背部也不弯曲。但深潜水时，它们的尾鳍常高举出水面。

习性

尽管灰鲸喜爱交际，但它们并

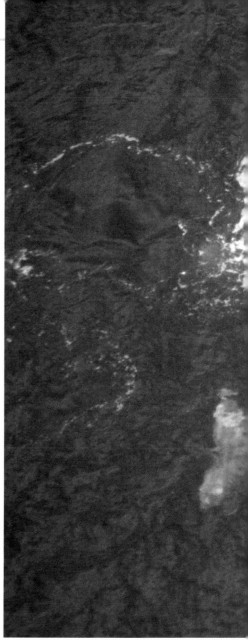

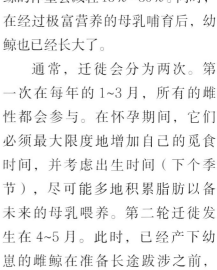

■ 上图，在墨西哥下加利福尼亚州的马格达莱纳湾，一头灰鲸幼崽对船上的乘客感到好奇，它的母亲正在阻止它接近船只

■ 右图，从这张航拍照片可以看出灰鲸的体形特征：体形粗胖，鳍肢的附近最粗，然后朝头部方向逐渐变细

■ 页码96~97，一张年轻的灰鲸倒着游泳的特写

不会和大量的个体群居在一起。通常，两三头灰鲸组成小群体一起活动，但在迁徙过程中会与其他小群体汇集，形成规模更大的群体。

该物种主要分布在北太平洋，从西伯利亚、阿拉斯加的北极海岸到白令海，一直延伸到中国沿海的温带海域，再到美国和墨西哥沿海的温带海域，都有分布。

灰鲸是哺乳动物中迁移距离最长的种类，可长达20000千米。在北美洲的太平洋一侧，灰鲸从5月下旬到10月末穿过白令海峡和白令海西北部，到水温、光照都较适宜的北极圈内觅食。然后，它们开始南移，穿过阿留申群岛，沿着北美洲大陆沿岸南下。

在抵达水温较高、光照充沛的加利福尼亚半岛的西侧以及加

利福尼亚湾的南侧海域后，它们会在越冬区的浅海岸生产。它们是唯一在浅海繁殖和产崽的须鲸类。刚出生的小家伙体长不到5米，重约1吨。随后，幼崽很快就会和母亲一起迁徙。

在发情期，灰鲸在求偶和交配中一般不会发生冲突，也不会有激烈的竞争。但它们的活动频率会大大增加，可被观察到在空中不断进行动作表演，包括跃出水面以及用尾巴和腹鳍拍打水面。一头雌性可以与多头雄性进行交配，不过当雌性在产崽后就会拒绝与雄性接触。雄性只能寻觅其他未产崽的雌性进行交配。

当冬天快结束时，繁育活动也就结束了。在长途旅行期间，灰鲸在经过6~7个月的禁食后，成年雄

鲸的体重会减轻15%~30%。同时，在经过极富营养的母乳哺育后，幼鲸也已经长大了。

通常，迁徙会分为两次。第一次在每年的1~3月，所有的雌性都会参与。在怀孕期间，它们必须最大限度地增加自己的觅食时间，并考虑出生时间（下个季节），尽可能多地积累脂肪以备未来的母乳喂养。第二轮迁徙发生在4~5月。此时，已经产下幼崽的雌鲸在准备长途跋涉之前，

会尽可能地使幼崽更快长大。母鲸对幼鲸极其眷恋，当幼鲸被（例如虎鲸）袭击时，母鲸会毫不犹豫地竭力保卫它们，甚至牺牲自己的生命。在迁徙的途中，灰鲸路过美洲附近时，会距离海岸非常近，因此每年都会吸引成千上万的观鲸者。在海岸上，人们就能看到灰鲸迁徙的壮观景象。灰鲸也仿佛知道有观众，会表演跳水和其他的空中动作。

▶ 西太平洋地区的灰鲸

在捕鲸遭到明令禁止后，灰鲸种群的数量才逐渐趋于稳定。目前，全球灰鲸的数量保持在20000头左右。

尽管灰鲸数量减少至原来的1/3到1/5，但目前数量仍较为可观。从全球范围来看，灰鲸种群被认为没有处于危险之中。

西太平洋地区的灰鲸状况与美国沿海地区的状况相比，还是有很大不同，并存在不可逆转的数量下降的风险。目前，西太平洋地区的灰鲸仅剩一百多头，其中育龄雌性的数量极少。因此，西太平洋地区的灰鲸被认为面临严重的灭绝风险。

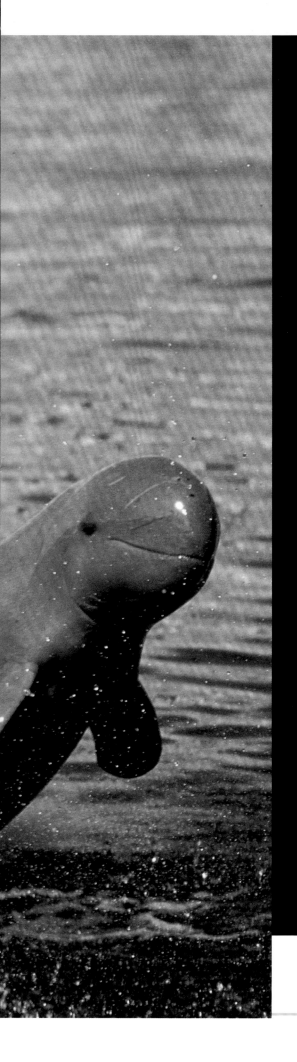

第四章
淡水豚

从寒冷的极地水域到温暖的赤道水域，鲸目动物已经占领了世界上所有的海洋。但是，只有极少数的鲸类适应了淡水生活，其中有些种类只生活在淡水中，而另一些则经常在沿海环境中生活。

淡水豚是对一些适应江河湖泊等淡水环境的鲸豚类的统称，并不具有分类学意义。它们的几种类型生活在地理位置相距很远的水域。但是，同样的淡水环境塑造了它们相似的特性。从进化角度来看，它们都完美地适应了现在的生存环境。河流的水质一般没有海水清澈，因此有些淡水豚的视力也有所退化。它们会使用生物声呐系统来定位自己和猎物的位置。在河流环境中，最丰富的食物来源就是鱼类，因此淡水豚的嘴巴下吻细长，上下颚各长有一排锋利的牙齿，特别适合捕捞身体表面光滑的鱼类，例如鲇鱼和其他会分泌黏液的鱼类。它们游泳的速度不是很快，但是较大的尾鳍能够快速反应，控制方向的转变，灵活性丝毫不逊于海洋中的海豚。

■ 左图，两头伊河海豚从水中跃出

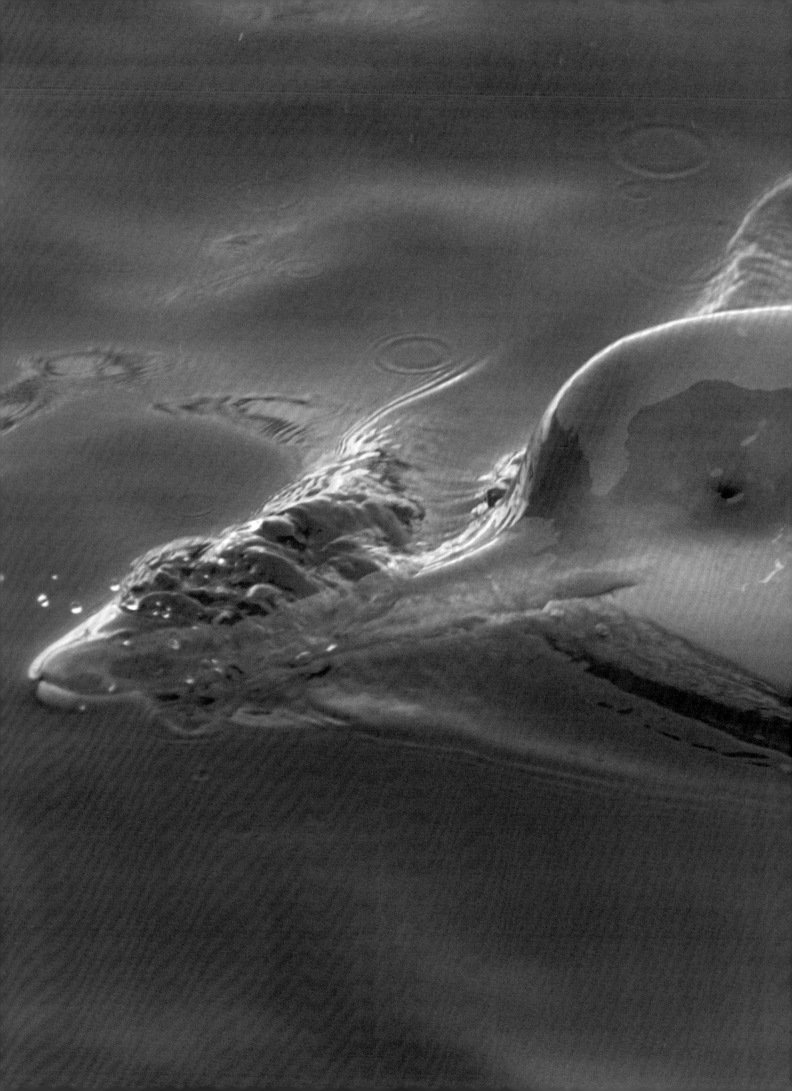

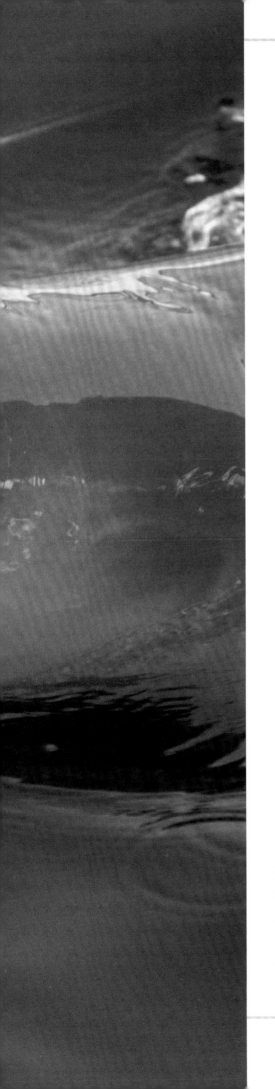

大海的记忆

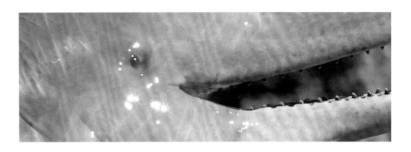

　　淡水豚中的亚河豚、白暨豚和印度河豚在海水环境中都没有近亲分布。除了一种生活在淡水中的小型豚属于海豚科，大部分的海洋豚类都生活在海水中。

　　淡水豚有三个最重要的栖息流域：第一个是最主要的流域，即南美洲的亚马孙河地区，这里生活着亚河豚和土库海豚。第二个流域是印度河流域，由恒河和印度河组成，这里生活着南亚河豚。第三个是中国的长江流域，这里生活着白暨豚。

亚河豚

　　亚河豚是最著名的河豚，分布也最广泛，遍及亚马孙河和奥里诺科河的广阔流域。它们生活在巴西及周边国家的边界，活动范围延伸数百万平方千米。

　　亚河豚经常出没于河流与支流

白暨豚

　　白暨豚还暂未被确认灭绝，但最后一只活体白暨豚已在2002年死亡。20世纪后期以来，因为受到人类活动的严重侵害，白暨豚的数量锐减，被认为是第一种由于人为因素而走向灭绝的鲸豚类动物。

■ 页码100~101，一头白暨豚在长江水域中游动
■ 右图，一头亚河豚捕获了一条鱼，正将其展示给别的亚河豚看，对方可能是年轻的异性。在求偶时，雄性亚河豚经常向雌性赠送猎物或其他的物体，作为求偶的礼物

的交会点、湍流的下方以及靠近海岸的水域。此外，在季节性的洪水期，它们会进入泛滥的丛林与草地，在雨林土壤的浅水区中移动。

　　亚河豚的体长最长可达2.8米，重约200千克。它们的胸鳍和尾巴很宽，虽然没有真正的背鳍，但取而代之的是从背脊向前后延伸的隆起。

　　年轻亚河豚的体色呈浅灰色，而成年亚河豚的颜色则为粉红色。它们的头部外形非常独特：前额突出，额隆的形状可随意改变，弦月状的喷气孔位于身体的中央偏左。嘴里有一排排锋利的牙齿，合起时牙齿会隐入嘴中；嘴喙修长，稍微向下弯，而唇线上扬，看起来表情十分可爱。

　　亚河豚是齿鲸亚目中非常特别的一种，因为它有两种不同类型的牙齿：前齿细而尖，适合抓鱼；而颌骨后方的牙齿则扁平，像钳子一般可以碾碎软体动物的硬壳，是进食的绝佳帮手。亚河豚的另一个特点是它可以灵活地移动头部，这是因为它的颈椎不像其他鲸类那样短小。

土库海豚

　　土库海豚和亚河豚的栖息流域有一定重合，属于海豚科。与其他生活在淡水流域的海豚相比，它的外形与"普通"的海豚非常相似。乍一看，它就像一只宽吻海豚。

　　它的体色是浅灰色，腹部为粉色或白色。体长可达1.5米，体重可超过50千克。

　　尽管它与亚河豚共享很大一部分的流域范围，但通常这两个物种之间没有什么交集。但根据报道，曾经有人观察到土库海豚和亚河豚的两个群体在狩猎中彼此合作、围捕鱼群。由于土库海豚拥有扇形的经典背鳍，与亚河豚在外形上存在明显差异，所以一眼就能分辨出这两个物种。

▶ 稳定的生存现状

　　与其他河豚相比，这两种生活在亚马孙河流域的淡水豚并不属于易危物种。虽然暂时还没有充足的数据证明其确切的种群数量，但是近年来它们的数量有少量的减少。

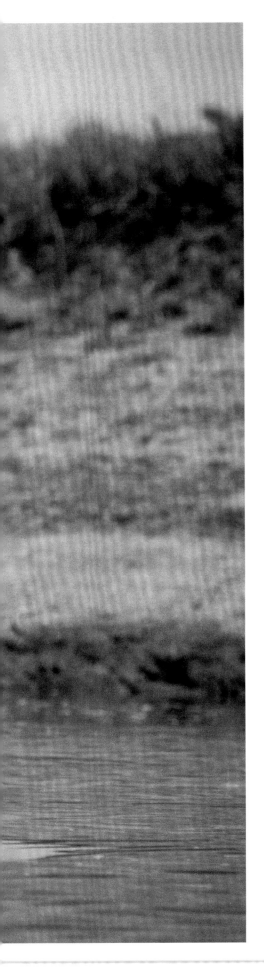

■ 左图，一头印度河豚在恒河中游泳

■ 上图，伊河海豚属于小型海豚，头部圆钝，没有明显的喙。除了在东南亚海岸附近活动之外，它们也会进入淡水内河，形成稳定的河流种群。伊河海豚的河流种群与海洋种群之间没有明显不同的解剖学特征。伊河海豚主要生活在湄公河和伊洛瓦底江流域以及东南亚沿海一带

■ 页码106~107，南美河流的琥珀色河水将亚河豚的皮肤染上了艳丽的色彩

南亚河豚

比起其他种类，南亚河豚表现出更高的极端环境适应性。它的颅骨头型高度不对称，向左倾斜，前额陡峭，颚骨纵向隆起，眼睛很小。即使在嘴巴没有张开的情况下，我们仍然可以明显看出其牙齿生长在上下颚。

南亚河豚长长的嘴部非常利于捕捉鱼类，主食为鱼和虾类。另外，独有的长脊椎让它可以具有极大的灵活性。

南亚河豚分布于恒河流域和印度河流域，拥有两个亚种，即恒河豚和印度河豚。也有一些人认为，这是不同的两个物种。

南亚河豚的皮肤呈浅灰棕色或粉红色，体长能达到2.5米，重量为70~80千克。

印度河豚能够凭借回声定位寻找食物和导航，而它的眼睛只能感知光线的变化。■

▶ 处于危险之中

从整体来看，恒河和印度河流域的南亚河豚种群约有5000多头。人类的活动导致它们的河流栖息地不断变化，种群之间非常分散，因此它们属于濒危动物。

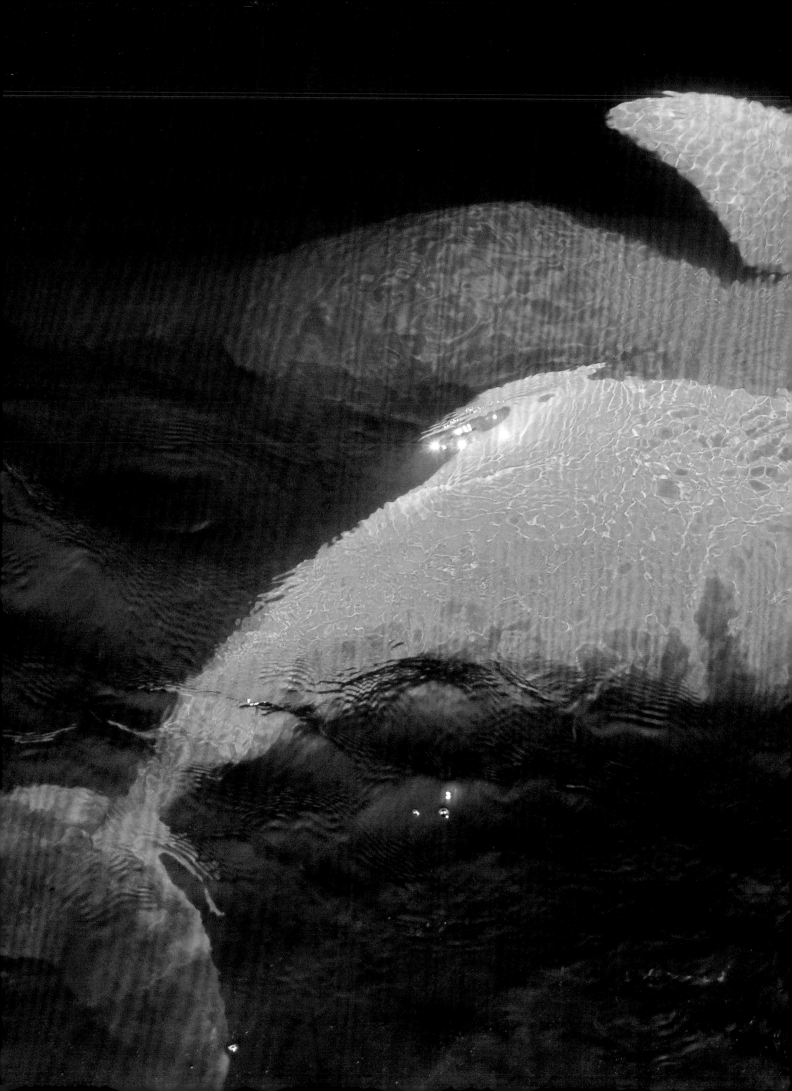

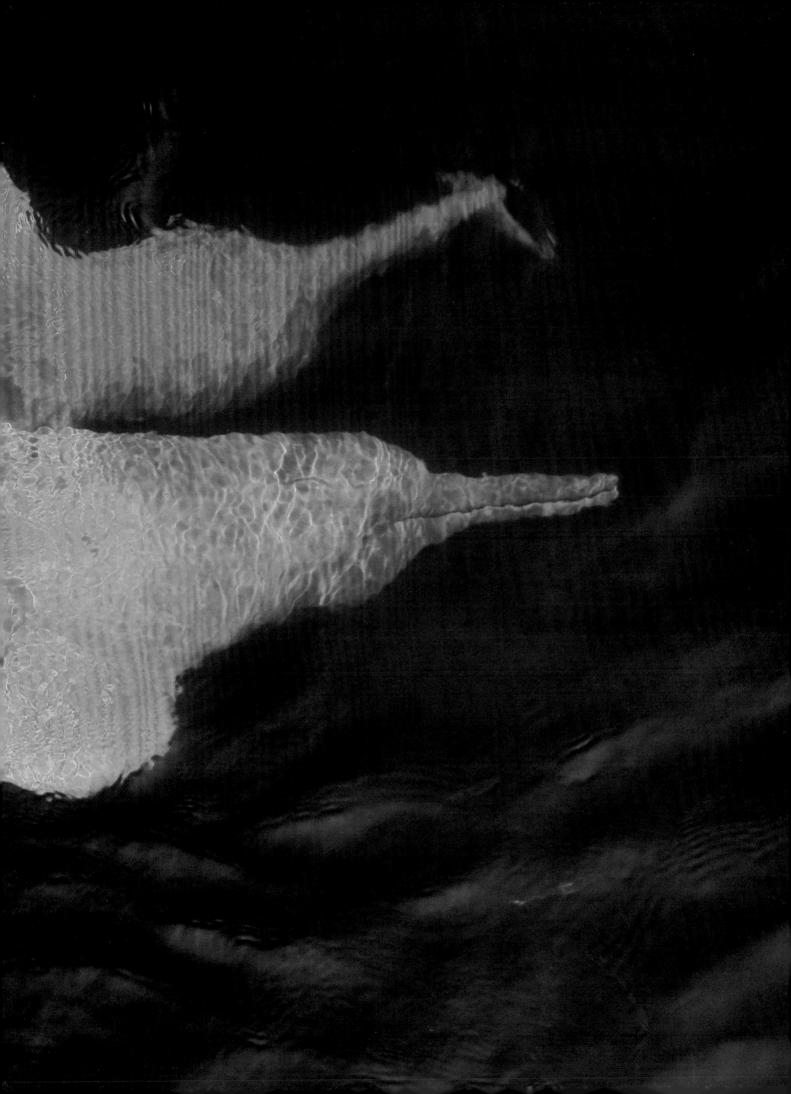

图书在版编目（CIP）数据

奇幻海洋的巨型动物 / [意]克里斯蒂娜·班菲，[意]克里斯蒂娜·佩拉波尼，[意]丽塔·夏沃编著；徐倩倩译 . — 成都：四川教育出版社，2020.7

（国家地理动物百科全书）

ISBN 978-7-5408-7331-8

Ⅰ.①奇… Ⅱ.①克…②克…③丽…④徐… Ⅲ.①水生动物 – 海洋生物 – 普及读物 Ⅳ.① Q958.885.3-49

中国版本图书馆 CIP 数据核字（2020）第 101318 号

GUOJIA DILI DONGWU BAIKE QUANSHU QIHUAN HAIYANG DE JUXING DONGWU

国家地理动物百科全书　奇幻海洋的巨型动物

出 品 人　雷　华
特约策划　长颈鹿亲子童书馆
责任编辑　肖　勇
封面设计　吕宜昌
责任印制　李　蓉　刘　兵
出版发行　四川教育出版社
　　地　　址　四川省成都市黄荆路 13 号
　　邮政编码　610225
　　网　　址　www.chuanjiaoshe.com
印　　刷　雅迪云印（天津）科技有限公司
版　　次　2020 年 10 月第 1 版
印　　次　2020 年 10 月第 1 次印刷
成品规格　230mm×290mm
印　　张　16
书　　号　ISBN 978-7-5408-7331-8
定　　价　98.00 元

如发现印装质量问题，请与本社联系。
总编室电话：（028）86259381 营销电话：（028）86259605
邮购电话：（028）86259605 编辑部电话：（028）85636143